西安石油大学优秀学术著作出版基金资助

生产井多相流测量技术

李利品 著

内 容 提 要

本书以生产井多相流参数为研究对象,系统阐述了井场噪声背景下的多相流测量技术,重点论述将现代信号与信息处理方法和多相流测量技术相结合形成的适用于低信噪比、复合噪声背景中的多相流测量方法与测量系统。主要内容包括低信噪比下的多普勒流量测量技术、低产井电导法含水率测量技术、油气井 X 射线多相流测量技术、生产井多相流信号预处理方法、噪声背景中的生产井多相流型识别等。本书整体内容将理论方法与实际应用相结合,可使读者较系统地学习噪声背景中的生产井多相流测量新理论方法和相关技术。书中提供的低信噪比下的多相流测量技术,可为研究人员解决相关实际问题提供具体的方法和思路。

本书可作为高等院校研究生和高年级本科生的专业课配套读物,也可供从事石油、化工、测井、电子等领域的科技人员和高校教师参考。

图书在版编目(CIP)数据

生产井多相流测量技术 / 李利品著. — 北京 : 中国石化出版社,2020.9
ISBN 978-7-5114-5960-2

Ⅰ.①生… Ⅱ.①李… Ⅲ.①生产井-多相流-流量测量 Ⅳ.①TE2

中国版本图书馆 CIP 数据核字(2020)第 173344 号

未经本社书面授权,本书任何部分不得被复制、抄袭,或者以任何形式或任何方式传播。版权所有,侵权必究。

中国石化出版社出版发行

地址:北京市东城区安定门外大街 58 号
邮编:100011 电话:(010)57512500
发行部电话:(010)57512575
http://www.sinopec-press.com
E-mail:press@sinopec.com
北京柏力行彩印有限公司印刷
全国各地新华书店经销

*

710×1000 毫米 16 开本 11 印张 206 千字
2020 年 10 月第 1 版 2020 年 10 月第 1 次印刷
定价:69.80 元

前　　言

多相流是指具有两种或两种以上不同相态或不同组分的物质共存，并具有明确分界面的物质流动。常见的多相流主要有气液两相流、气固两相流、液固两相流以及气液液、气液固三相流等。多相流的不稳定性、流型的复杂多变性、相界面的不规则性，使得其参数测量存在很大困难，多相流测量一直是流体测量领域的一大技术难题。

生产井多相流测量是油气井智能开采的核心和依据，决定着油藏开采方案的准确实施以及实施后效果的监督与反馈，直接影响着油气井优化开采的效果。油田生产井场工况复杂、噪声种类繁多、测量信号微弱，研究噪声背景中的多相流测量技术更符合生产井多相流测量的实际工况，可及时有效地获取生产井多相流的流量、流型、各相含率等参数，对于更好地掌握储层动态、有效保护储层、延长生产井寿命、提高采收率均有非常重要的意义。

本书以生产井多相流参数为研究对象，系统阐述了井场噪声背景中的多相流测量方法与技术，重点论述将现代信号与信息处理方法和多相流测量技术相结合形成的适用于低信噪比、复合噪声背景中的多相流参数测量方法与测量系统。本书共6章内容。第1章是绪论部分。第2章从多普勒流量测量原理、相关功率谱法、随机共振的频谱估计法以及多普勒流量测量系统等方面对生产井多普勒流量测量方法与技术进行详细论述。第3章主要针对陆上油田的高含水低产井，论述电导法含水率测量方法与测量系统。第4章以油气井多相流分相含率为研究对象，论述 X 射线油气井多相流测量原理、计算模型以及测量系统等内容。第 5 章针对噪声背景中生产井多相流测量信号特征，论述多相流测量信号去噪、幅度估计、多尺度分析等预处理方法。第 6 章针对包含流型信息的多相流测量信号，论述基于现代信息处理和融合方法的多相流型识别方法和思路。

感谢陕西省油气井测控重点实验室和电子工程学院的前辈和同事，感谢重点实验室在读和已毕业的研究生，感谢他们对本书编写工作的悉心支持和大力帮助，感谢多年来对作者的关心和爱护。

感谢本人在西北工业大学博士研究生学习期间的各位老师和同学，感谢他们对作者的指导、帮助和关心。

本书的出版获得"西安石油大学优秀学术著作出版基金"和"陕西省重点研发计划项目(项目编号：2020GY—169)"资助，在此表示感谢。

由于作者水平有限，书中难免有不足之处，敬请广大同行和读者批评指正，并对进一步修改和完善提出宝贵意见。

目 录

第1章 绪论 …………………………………………………………………（ 1 ）
  第1节 生产井多相流测量的目的和意义 ………………………………（ 1 ）
  第2节 生产井多相流测量的研究现状分析 ……………………………（ 2 ）
  第3节 生产井多相流测量系统 …………………………………………（ 8 ）

第2章 生产井多普勒多相流测量技术 ……………………………………（ 10 ）
  第1节 多普勒多相流量测量原理 ………………………………………（ 10 ）
  第2节 基于相关功率谱法的多普勒流量测量 …………………………（ 13 ）
  第3节 随机共振检测理论 ………………………………………………（ 16 ）
  第4节 基于随机共振法的多普勒流量测量 ……………………………（ 24 ）
  第5节 多普勒流量测量结果及分析 ……………………………………（ 35 ）
  第6节 生产井多普勒流量测量系统与实验 ……………………………（ 37 ）

第3章 低产井含水率测量技术 ……………………………………………（ 42 ）
  第1节 电导法含水率测量原理 …………………………………………（ 42 ）
  第2节 电导法传感器参数优化 …………………………………………（ 44 ）
  第3节 电导法含水率计算模型 …………………………………………（ 50 ）
  第4节 低产井电导法含水率测量系统 …………………………………（ 54 ）
  第5节 多相流含水率室内实验 …………………………………………（ 65 ）

第4章 油气井 X 射线多相流测量技术 …………………………………（ 67 ）
  第1节 X 射线测量原理 …………………………………………………（ 67 ）
  第2节 X 射线多相流理论计算模型 ……………………………………（ 70 ）
  第3节 X 射线多相流理论仿真 …………………………………………（ 72 ）
  第4节 X 射线多相流测量系统 …………………………………………（ 78 ）
  第5节 X 射线多相流测量实验 …………………………………………（ 94 ）

第5章 生产井多相流信号预处理方法 (97)

第1节 生产井噪声背景分析 (97)

第2节 生产井噪声背景中的 EMD 理论 (100)

第3节 基于 EMD 的生产井多相流信号预处理方法 (104)

第4节 基于 SK 和 EEMD 的融合算法 (109)

第5节 基于 SK 和 EEMD 融合算法的生产井多相流信号预处理 (117)

第6节 基于 EEMD 的 HHT 生产井多相流多尺度分析 (119)

第6章 噪声背景中的生产井多相流型识别 (128)

第1节 生产井多相流型分类及识别 (128)

第2节 生产井多相流电导波动信号采集与预处理 (134)

第3节 生产井多相流型特征提取 (137)

第4节 支持向量机的模式识别理论 (147)

第5节 基于支持向量机的生产井多相流型识别 (150)

第6节 识别结果及分析 (155)

参考文献 (157)

第1章 绪 论

第1节 生产井多相流测量的目的和意义

生产井是指在油田及气田开发中用于直接采出地下石油和天然气的井,即采油井和采气井。油田开采过程中,随着水平生产井和多分支生产井逐渐增多,若开采方案得不到及时调整和优化,则可能出现井中多层段间的气、水互串,甚至出现由于无法判断高含水层的确切位置,导致关闭整口油气井的情况,对油气田高效开发造成了极大的影响。究其原因,是由于受测量技术和方法的限制,对生产井各层位多相流(文中多相流均指油气水三相流、油水两相流或者气水两相流等)的温度、压力、流量、含水率等信息掌握不足,无法及时了解各产层的生产状态、油藏状态和实际出水层,从而导致无法对开采方案进行及时、有效的调整和优化,出现异常时只能被迫关闭整口油气井,造成油气井寿命缩短、产能严重下降等问题。生产井多相流测量是对生产井各层位的多相流温度、压力、流量、含水率等参数进行实时在线测量,可有效解决井下信息掌握不足的问题,为油气田生产开发提供直接有效的依据。

油田生产井场工况复杂、噪声种类繁多、测量信号微弱,研究噪声背景中的多相流测量技术更符合生产井多相流测量的实际工况,有利于及时有效地获取生产井多相流的温度、压力、流量、流型及各相含率等参数,对于更好地掌握储层动态、有效保护储层、延长生产井寿命、提高采收率均有着非常重要的意义。生产井多相流测量是油气井智能开采的核心和依据,决定着油藏开采方案的准确实施以及实施后效果的监督与反馈,直接影响着油气井优化开采的效果。噪声背景中的生产井多相流测量可对生产井各产层进行长期监测和控制,控制水、气层合理封隔,控制多层合采;测量生产井的生产剖面,确定分层产量,评价储层特性;减少油井生产期间的修井作业及相应的风险。因此噪声背景中的生产井多相流测量技术研究对于油气田的高效、合理开发具有至关重要的意义。

第2节 生产井多相流测量的研究现状分析

多相流与单相流相比，流动过程复杂，常伴有强烈的波动，流型复杂多变，而且相间存在界面效应和相对速度，因此多相流参数检测的难度很大。生产井多相流参数主要包括流型、分相含率、流量、速度、密度、压力降、温度、传热系数等，其中温度、压力等常规参数的测量方法很多，在此不再赘述。流型、流量和分相含率是基本参数，相互影响、相互关联，是多相流测量的基础和研究重点。

一、多相流量测量的研究现状分析

多相流量是多相流测量的重要参数之一。按照测量原理分类，多相流量测量方法主要有节流法、速度法、质量法等。

节流法的原理是：多相流体通过节流装置（孔板、喷嘴、文丘里管等）时与单相流体相似，速度增加、压力降低，在节流装置前后产生压差。该压差与多相流体的流量及分相含率等因素相关，因此根据测量的压差可计算出多相流量。国内外很多学者通过大量的理论分析和实验对节流装置实现多相流量测量进行了研究。国内以林宗虎院士带领的西安交通大学科研团队率先进行了孔板和文丘里管的多相流实验，并推导出了流量计算公式。浙江大学张宏建等考虑了滑移比和流型的影响，提出了基于均相流模型的孔板流量计算式。Abbas 等采用文丘里管和电导测量方法相结合研究环状流气、水两相流中气体流量测量，建立了新的气体流速模型，并进行了实验验证。孟振振等采用文丘里管和电阻层析技术相结合研究气、水两相流量测量，采用文丘里管测量两相流的总质量流量。董峰等采用双锥式流量计实现了低压、高含气率条件下气/液两相流的测量，此外还设计了长腰椎流量计。Hollingshead 等研究了低雷诺数下文丘里管、标准孔板等不同节流式流量计的流出系数。节流法是一种传统测量方法，受流型的影响较小，但节流装置存在节流部位直径较小、容易堵塞管道、降低油井产量等问题，限制了该方法在高产井中的大量应用。

速度法是基于测量多相流的流速获得流量的方法，可分为相关法、光学法、磁共振法、声学法等。Jung 等利用双放射源的透射信号和互相关技术进行多相流流速的测量。Gurau 等采用双热膜探针结合相关测量技术，实现了气、水两相中的流速测量。Chanso 等采用光纤传感器实现了多相流中的气泡流速和含率的测量。Mahalingam 等采用激光多普勒测速仪实现了两相流中的速度测量。Lucas 等采用多电极电磁流量计实现了多相流的流速测量。Sankey 等采用磁共振成像法测量了气/液两相流中的气体和液体流速。Lemonnier 等采用核磁共振法研究了垂直泡状两相流的特性。Alssayh 等采用声发射技术检测水平气、水弹状两相流中的气弹流速。Sanderson 等综述了超声时差法、超声多普勒法、超声相关法等多相流量计。Shen 等采用热膜探针、多路光传感器、光学探针和压差计等对垂直上升大管径中气、水两相流的空隙率、气体和液体流速等参数进行测量，并研究了多相流动参数之间的关系。Andreas 等研究了湍状两相流中流速测量的高压均质模型。速度法中的相关法、声学法等测量装置以结构简单、不改变生产管道结构、安装方便等优点，成为目前生产井多相流量测量的常用方法之一。

质量流量法是一种直接测量方法，常见方法为 Coriolis 法。Coriolis 力最初由法国数学家 Gustave Coriolis 于 19 世纪发现。直到 20 世纪 50 年代，人们才开始尝试将 Coriolis 力用于质量流量测量中。20 世纪 70 年代 Micro Motion 公司推出了谐振式质量流量计(Coriolis Mass Flow，简称 CMF)。之后，Coriolis 质量流量计开始广泛地应用于流量测量领域。M. P Henrya 等设计了一种数字式的 Coriolis 质量流量计。R. P. Liua 等采用神经网络校正数字式质量流量计在两相流量测量中的误差。Smith R. 等综述了 Coriolis 质量流量计的应用情况。Haneveld 等对微 Coriolis 质量流量传感器的模型、设计和构造进行了研究。Zheng 等通过实验对 Coriolis 质量流量计的动态性能进行了研究。Manus 等将 Coriolis 质量流量计和含水率计相结合用于油、气、水三相流的测量。马龙博等采用双 U 形 Coriolis 流量计测量油水两相流的流量，并结合支持向量机法预测油水分相质量流量。质量流量法测量精度较高，但由于该方法采用 U 形装置、结构相对复杂、体积较大，很难应用于生产井中狭小空间的流量测量。

二、多相流分相含率测量的研究现状分析

分相含率是指一段管流容积、截面或者弦的平均各相的含量。当测试的管流长度为零时，此时的分相含率是指截面相含率。多相流具有非线性动力学特性，使得多相流分相含率的准确测量难度很大。目前，多相流分相含率的测量方法主要有射线法、电学法、光学法、超声法等。

1. 射线法

射线法测量多相流分相含率的基本原理是：射线源发出的射线经过多相流体时，部分射线被流体吸收，吸收程度与多相流的分相含率有关。由于多相流中各相吸收率已知，因此可以根据射线经过多相流后的强度变化计算出多相流中的各相含率。国内外很多研究人员对射线法多相流测量做了大量的研究工作。Stahl 等采用 125I(27.5keV)射线源研究小直径水平管道气、液两相流的空隙率测量。

Park 等采用单光束伽马射线测量小直径不锈钢管道中临界流动条件下多相流的空隙率。西安交通大学 Zhao 等采用单束伽马射线实现了垂直上升管道内气、水两相流的流型识别和空隙率测量。Kumara 等采用 241Am 单束射线源测量水平和倾斜管道内油、水两相流的分相含率。César 等采用双能级伽马源和双探测器测量经过多相流后的透射和散射光束,并结合人工神经网络实现了多相流的流型识别和体积含率测量。T. Frøystein 等采用双能 γ 射线源 133Ba 和一个 CdZnTe 探测器测量高温高压 3in(1in = 0.0254m)管道中油、气、水三相流的截面分布。

为了进一步提高大直径管道多相流的测量精度,研究人员采用多个射线源和多个探测器进行多相流相含率的测量研究。S. Roy 等采用 1 个 100mCi(毫居里)的 137Cs 源和 7 个 NaI 探测器构成了自动旋转扫描成像系统分析气、液两相流的分布。B. T. Hjertaker 等使用 5 个 500mCi 的 241Am 源和 85 个 CdZnTe 探测器建立了多射线源多探测器的固定成像系统研究油、气、水三相流。Bieberle 等采用 137Cs 同位素源和伽马探测器构成高分辨率伽马层析系统,用于测量多相流中的平均空隙率分布。George 等采用伽马层析和电阻抗层析技术相结合研究气、液、固多相流中的各相分布。在前期研究基础上,国内外各大石油仪器公司都相继开发了基于射线法的多相流量计,比如 Fluenta 公司的 MPFM1900VI 流量计、挪威 Frmao 公司的 MPFM 型多相流量计、Schlumberger 公司开发的海底永久式多相流量计、国内兰州海默研制的应用于地面的多相流量计 MFM2000-NG 等均采用伽马射线测量多相流中的各相含率。

上述射线法多相流测量大多采用同位素放射源,存在使用安全、环境污染等问题,使得该方法的使用受到了一定限制。作者所在的西安石油大学研究团队在上述研究成果的基础上采用人工激发 X 射线进行多相流测量的研究,并取得了一定的研究成果,很好地解决了放射源多相流测量中存在的环境辐射和安全问题。

2. 电学法

电学法通常分为电导法和电容法。电导法的原理是:多相流中连续相为导电介质且离散相和连续相的电导率差别较大时,通过测量多相流体的电导率可确定分相含率。电容法则是根据多相流体中各相的介电常数不同,通过检测电容值的大小计算出多相流的分相含率。

国内外学者对电学法多相流测量进行了大量的研究。Lucas 等采用双环形电极实现了油水泡状流中的含油率及轴向速度的测量。Kima 等对三电极式电导传感器进行了优化设计,并用于多相流空隙率、含水率等的测量。Cantelli 等采用 3 对中心角为 90 度的弧形电导传感器结合非线性时间序列分析方法,实现了气、液两相流中空隙率的高分辨率测量。Lee 等对环形电导式传感器进行了优化设计，并将其用于水平气、水分层两相流中含水比例的测量。为了克服传统环形电极对流体相分布的敏感性，国内外很多学者积极探索将电导法和层析成像技术相结合用于多相流检测，该方法被称为电阻层析成像（Electrical Resistance Tomography，简称ERT）。Cillierts等利用双极性脉冲电流源激励ERT系统，并将其应用于搅拌器和旋流器等试验装置上，克服了常规直流激励带来的介质电极化效应。Boltona等采用ERT系统实现了径向反应堆中流体分布和流速的测量。Razzak等采用16电极的ERT系统对气、液、固三相流的流动特性进行了研究。Wang等采用电阻层析成像技术研究环状两相流中液膜厚度等参数。Lucas等设计了一种双头探针传感器阵列构成的电阻层析成像系统，并将其用于测量倾斜油水泡状流中的含油率和流速等参数。

Demori等采用半圆柱式电极构建了电容传感器系统，用于测量油水两相流中的截面相含率。Ahmed研究了不同流型下，分别采用双环形电极和半圆柱式电极测量电容与空隙率的关系，并进行了模拟实验，结果表明双环形电极与实验结果的一致性较好。Silva等采用电容金属网格传感器测量油、气、水多相流中的各相含率。浙江大学黄志尧等研制了12电极电容层析系统，并将其用于多相流空隙率测量和流型识别，还将其与文丘里管相结合用于测量气、液两相流量。天津大学王化祥等采用16电极和高性能数据采集系统结合图像重建算法，研制了用于油、气两相流检测的电容层析成像系统。Zhang等采用静电传感器和电容传感器并结合数据融合算法，实现了生物质、煤、气三相流中浓度的测量。Silva等采用电容金属网格传感器结合图像处理算法，实现了油气两相流截面含气率、气泡尺寸等参数的测量和流型识别。

研究发现，电导法适用于高含水率多相流测量，电容法则适用于低含水率的情况。实际应用中，电学法以测量装置体积较小、成本较低等优点成为生产井多相流测量的常用方法之一。

3. 光学法

光学法测量多相流常见的方法是光纤探针法。Murzyn等采用双头光纤探针测量了不同佛氏数水跃（hydraulic jump）下泡状流中的空隙率、气泡频率和尺寸。Mena等采用单模光纤（monofibre）测量气、液、固三相流中气相的驻留时间、流速等参数。Shen等采用四头光纤探针进行两相流的多维测量，并研究了如何优化探针几何结构以提高测量的精度。Vejražka等分析了多相流泡状流型下，单模光纤测量气泡上升时间、气相驻留时间等参数的影响因素及如何提高测量的精度等问题。Mizushima等采用单头光纤探针结合光纤信号预处理方法，确定泡状流中探针刺穿气泡的位置，从而提高测量精度。Mizushima等在之前的研究基础上，提出采用单头光纤探针结合阈值法确定探针刺穿气泡的位置和角度，用于提高气泡直径、速度的测量精度。Pjontek 等采用单模光纤探针研究高压(压力约 9MPa)、高含气率条件下泡状流中气泡的尺寸、流速等特性。Felder 等在气泡含率 0~100%的实验条件下,分析了各种流型下光纤探针法在气水两相流中气泡测量的灵敏度。在上述研究成果中,光学探针法对于多相流中的气泡检测效果明显。然而,由于不同区域的原油特性不同导致光学折射率不同,使得光纤探针法在油水两相流以及油气水多相流中的测量效果受到了一定限制。

4. 超声法

超声法是利用超声波在多相流体中的飞行时间以及散射信号强度测量多相流的分相含率。Guangtian 等采用反射超声方式测量超声速度,实现了油、水两相流中含油率的测量。Hideki 等采用超声多波法实现了泡状流和弹状流中的气液界面、分布和流速的检测。Yuichi 等对反射波强度、多普勒和速度方差技术 3 种超声波界面检测技术进行了分析和研究。Artur 等采用超声传输技术研究液态金属中的气泡尺寸、位置、速度等参数。Su 等采用超声速度法测量两相流中的颗粒浓度和颗粒大小。刘继承等研究了超声波散射强度与油滴和粒度的浓度特性关系,并将其用于油、水两相流中的含油率测量。金宁德等研究发现,超声传感器的接收信号对高含水油水两相流中的分散相浓度敏感,采用脉冲超声技术实现了高含水油水两相流中含油率的测量。超声法适用于非透光性、非导电介质的测量。

三、多相流型识别的研究现状分析

多相流在管道内流动时,因压力、流量、管道几何形状等不同会形成各种流动结构型式,简称流型。由于多相流相界面形状及分布是随流动过程随时变化的,且相间存在相对速度,从而导致了多相流型的复杂多变。多相流型的多变性和随机性不但影响多相流的流动特性和传热传质性能,而且影响多相流参数的准确测量,因而研究和预测多相流型对多相流的研究具有非常重要的意义。

传统的多相流型判别方法主要有两大类:一类是流型图法,另一类是根据流型转变机理得到判别式确定具体流型。流型图是根据流型变换的实验数据加以总结和归纳后,再按照两个或多个流动参数绘制成分割不同流型的曲线。Baker-Scott 最早作出了适用于水平管道中气液两相流型判断的流型图。Hewitt 和 Roberts 于 1969 年作出了适用于垂直上升管中的空气-水混合物和蒸汽-水混合物的流型图。Mandhane 于 1974 年作出了适用于水平管中气液两相流的流型图。Shiea 等采用双头电阻探针对鼓泡塔中流型转变进行了详细的研究,并依据测量结果绘制了流型转换图。Cai 等采用电阻层析成像技术研究了垂直油水两相流中 5 种流型之间的转换,并绘制了流型图。Wang 等研究了微通道中气液两相流的 4

种流型之间的转换,绘制了流型转换图。

除了通过流型图法判别流型外,很多研究者提出了各种基于流型转变机理的理论或半理论判别式,用于分析具体的流型。Taitel 和 Dukler 通过研究水平管中层状流的动力学特性,提出了分层流、环状流、间歇流、气泡流和波状流 5 种流型间转变的判别式。Weisman 在前人研究的基础上进一步分析实验数据,整理出了水平管中分层流向间歇流转变的无因次判据。Choe 研究了间歇流向环状流转变的判据。Lu 等根据简化的两相流模型采用一系列经验或理论关系式来封闭方程组,获取了泡状流向间歇流及间歇流向环状流的转变点。Julia 等提出了一种适用于垂直环形管两相流型转换的模型,并与现有文献的模型进行了比较。Dalkilic 等采用多种空隙率模型和流型转换图相结合的方法研究了垂直管道中 R134a 介质的环状流型转换机制模型。

利用流型图法和流型判别式法识别流型存在以下缺陷:

(1)传统的识别方法需要测量多相流的流量、空隙率等流动参数,而这些参数目前还没有方法实现准确测量;

(2)已有的流型图和流型判别式都有一定的适用范围,难以适应变化多样的生产实际;

(3)传统方法很难满足流型在线识别的要求。

随着现代信号处理技术的发展,软测量方法逐渐成为多相流型识别的常用方法。软测量方法以现有测量仪表和测量信号为基础,应用现代信息处理和融合的方法与手段解决复杂多变的多相流型识别问题,是一种传统测量技术和现代信息融合相结合的测量方法。近年来,研究人员采用小波分析、Wigner-ville 分布、经验模态分解(Empirical Mode Decomposition,简称 EMD)、混沌理论、高阶统计量、多尺度熵、Hilbert-Huang 变换、神经网络等方法研究多相流动力学特性和流型识别,并取得了很多研究成果。Ellis 等采用小波变换、混沌分析相结合的方法分析气、固流化床的动态特性,并建立了关联维、Hurst 指数等参数与流型间的关系。Lee 等利用两相流的混沌特性实现了气、液两相流的流型识别。Luo 等采用 HHT(Hilbert-Huang Transform)结合 Hurst 指数和 Lyapunov 指数分析气升式反应器中的多相流型。金宁德等分别研究了电导、差压波动信号的混沌递归特性、吸引子、多尺度熵特征等混沌系统参数,并将其应用于气、液两相流的流型识别。Luo 等采用 WVD(Wigner-Ville Distribution)和小波变换法对压力波动信号进行时频分析,研究反应器中多相流的流型转换。周云龙等采用独立分量分析方法提取流型特征并结合 RBF 神经网络进行气液两相流的流型识别。Juliáa 等也采用了自组织神经网络研究两相流中的流型识别问题。Tambouratzis 等采用人工神经网络研究了两相流的在线流型识别。

第3节　生产井多相流测量系统

由多相流研究现状分析可知，在多相流测量技术中，节流法存在生产压差，质量流量法体积较大，限制了在生产井多相流测量中的实际应用。速度法（包括相关法、声学法、光学法等）测量装置以结构简单、不改变生产管道、安装方便等优点，成为目前生产井多相流测量的常用方法之一。设计的生产井多相流测量系统如图1-1所示，采用超声多普勒测量多相流的总流量，该方法属于声学速度法。多普勒测量法采用外夹式结构，是一种非接触式测量方法，不影响流体的流动状态，同时不改变测量管段的结构，不会对生产造成影响。采用人工激发X射线进行多相流分相含率的测量，很好地解决了同位素放射源多相流测量中存在的环境辐射和安全问题。电导法测量装置体积较小、成本较低，可用于高含水油气井的含水率测量。本系统采用电导法测量低产井含水率，作为对X射线相含率测量方法的有效补充。

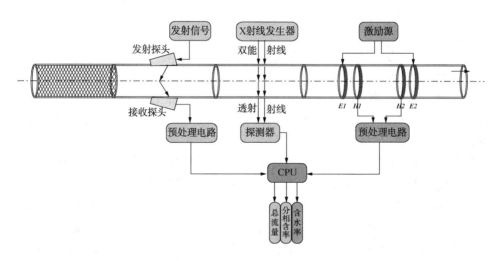

图1-1　生产井多相流测量系统

由于油田生产井场工况复杂、噪声种类繁多、测量信号微弱，因此生产井多相流测量除了研究上述测量系统和技术外，还需要对噪声背景中的测量方法进行研究。

（1）采用超声多普勒进行生产井多相流量测量时，测量信号容易受到井场噪声的影响，导致测量信号极其微弱。传统的信号处理方法无法实现多相流量的准确测量，因此研究新的信号处理方法以解决生产井场中低信噪比下的流量测量是本书的重要内容之一。

（2）生产井中的多相流测量信号受井场噪声干扰严重，如果不加处理与分析，则会严重影响多相流测量效果，因此研究噪声背景中多相流测量信号的预处理方法是生产井多相流测量的重要研究内容之一。

（3）多相流型识别是多相流测量的重要研究内容之一。由于经典识别方法的局限性，软测量方法逐渐成为多相流型识别的常用方法。在采用软测量方法识别生产井多相流型过程中，如何合理选择特征向量提高流型识别的效率、准确性，成为生产井多相流测量的重要研究内容。

第2章　生产井多普勒多相流测量技术

多普勒测量采用外夹式(非接触式)传感器结构，不影响管道内流体状态，不改变测量管段结构，不会对正常生产造成影响，成为目前生产井多相流测量的常用方法之一。在生产井多相流测量过程中，由于油田生产井场工况复杂、噪声种类繁多，多普勒测量信号容易受到井场噪声影响，从而导致测量信号极其微弱，严重影响多普勒频移的精度，因此研究低信噪比下多普勒频移的准确检测方法成为生产井多相流研究的一个重要内容。

第1节　多普勒多相流量测量原理

一、多普勒多相流量测量原理

多普勒多相流测量采用外夹式结构将发射换能器和接收换能器对称安装在管道外侧，如图2-1所示。发射换能器发射的连续波超声信号经声楔和管壁进入管道后，经流体中的颗粒、气泡等物质散射后，被接收换能器接收。接收声波和发射声波之间的多普勒频移与流体中散射颗粒、气泡等的运动速度呈正比。

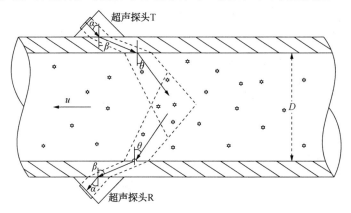

图2-1　连续波超声多普勒流量测量原理

1. 单颗粒的多普勒效应

设颗粒、气泡随流体的流动速度为 u，静止流体中的声速为 c，超声发射频率为 f_T，并且声波进入流体中的方向角为 θ，则根据多普勒效应可得接收到的超声多普勒回波信号频率 f_R 为：

$$f_R = f_T \frac{c + u\sin\theta}{c - u\sin\theta} \tag{2-1}$$

则多普勒频移 Δf 为：

$$\Delta f = f_R - f_T = f_T \frac{2u\sin\theta}{c - u\sin\theta} \tag{2-2}$$

由于流体的运动速度相对于流体中的声速来说非常小，因而上式可近似为：

$$\Delta f = f_T \frac{2u\sin\theta}{c} \tag{2-3}$$

则流体的流速与多普勒频差的关系为：

$$u = \frac{c}{2f_T \sin\theta} \Delta f \tag{2-4}$$

由于流体中的声速 c 易受温度影响，为了减少温度影响产生的误差，在实际使用中通常将超声换能器的压电元件固入强度高、能量损失小的声楔材料中。设声楔中声速为 c_0，α 为声楔与垂直方向的角度，则有：

$$u = \frac{c_0}{2f_T \sin\alpha} \Delta f \tag{2-5}$$

2. 多颗粒的多普勒效应

实际情况通常是，接收换能器接收到的是多普勒信息窗内颗粒、气泡等产生的散射波总和。假设信息窗内颗粒、气泡等分布均匀且沿轴向运动，则信息窗内的平均多普勒频移 $\overline{\Delta f}$ 为：

$$\overline{\Delta f} = \frac{\sum_{i=1}^{N} S(\Delta f_i) \Delta f_i}{\sum_{i=1}^{N} S(\Delta f_i)} \tag{2-6}$$

式中，N 为颗粒、气泡等的总数；Δf_i 为单个颗粒、气泡等具有的多普勒频移；$S(\Delta f_i)$ 为单个颗粒、气泡等形成的功率谱强度。

则信息窗内的平均流速 $\overline{u}$ 为：

$$\overline{u} = \frac{c_0}{2f_T \sin\alpha} \overline{\Delta f} \tag{2-7}$$

当管道直径 D 确定时，管道内的瞬时流量 Q 可由下式求得：

$$Q = \bar{u} \times S = \frac{\pi D^2 c_0}{8 f_T \sin\alpha} \overline{\Delta f} \qquad (2-8)$$

二、多普勒多相流测量的中频解调原理

生产井多相流测量中，超声多普勒换能器的接收信号为管道中信息窗内的气泡、油泡、界面等产生的多个多普勒频移的叠加，其振幅和相位均受到多普勒频移的非线性调制，因此接收的回波信号可描述成如下形式：

$$s(t) = A_0 \cos(2\pi f_T t + \phi_0) + \sum_{i=1}^{n} A_i \cos[2\pi(f_T + f_i)t + \phi_i] \qquad (2-9)$$

式中，f_T 为超声波发射频率；A_0 为发射信号经管壁、衬里等非运动介质耦合到接收探头的信号振幅；A_i 为多普勒频移分量的振幅；f_i 为多普勒频移；ϕ_i 为频移分量的相位。

采用中频解调技术，令 $s_r(t) = \cos 2\pi f_r t$，其中 $f_r = f_T - f_c$（f_c 为中频基准频率）。采用 $s_r(t)$ 与 $s(t)$ 进行乘法器混频，则：

$$\begin{aligned}
s_r(t)s(t) &= \cos 2\pi f_r t \{A_0 \cos(2\pi f_T t + \phi_0) + \sum_{i=1}^{n} A_i \cos[2\pi(f_T + f_i)t + \phi_i]\} \\
&= \frac{1}{2}\{A_0 \cos[2\pi(f_T + f_r)t + \phi_0] + \sum_{i=1}^{n} A_i \cos[2\pi(f_T + f_r + f_i)t + \phi_i]\} + \\
&\quad \frac{1}{2}\{A_0 \cos(2\pi f_c t + \phi_0) + \sum_{i=1}^{n} A_i \cos[2\pi(f_c + f_i)t + \phi_i]\}
\end{aligned}$$
$$(2-10)$$

经过低通滤波后，得到中频分量：

$$s_d(t) = A_0 \cos(2\pi f_c t + \phi'_0) + \sum_{i=1}^{n} A_i \cos[2\pi(f_c + f_i)t + \phi'_i] \qquad (2-11)$$

则单个油泡、气泡等的频率分量为：

$$f_{di} = f_c + f_i \qquad (2-12)$$

由各频率 f_{di} 加权平均可求得中频平均多普勒频率 $\overline{f_d}$，则生产井管道内多相流的平均流速计算公式为：

$$\bar{u} = \frac{c_0}{2 f_T \sin\alpha}(\overline{f_d} - f_c) \qquad (2-13)$$

式中，f_c 为中频载波频率。经过中频解调后，式（2-7）中的平均多普勒频移 $\overline{\Delta f}$ 则等于 $\overline{f_d} - f_c$，同理可根据式（2-8）计算出多普勒流量。

由式（2-13）、式（2-8）可知，生产井多普勒平均流速、流量测量取决于中频平均多普勒频率 $\overline{f_d}$ 的检测精度。生产井场噪声种类繁多，使得多普勒测量信号极

其微弱，因此研究低信噪比下的生产井多普勒频率检测方法对于多普勒多相流测量至关重要。下面将介绍多普勒频率检测方法与多普勒流量测量。

第 2 节　基于相关功率谱法的多普勒流量测量

一、相关功率谱法

相关法谱估计（BT）是一种经典的功率谱估计方法，由 Blackman 和 Tukey 于 1958 年提出。该方法先由序列 $x(n)$ 估计出自相关函数 $R(n)$，然后对 $R(n)$ 进行傅立叶变换，得到 $x(n)$ 的功率谱估计，因此该法又称为间接法。其实现步骤如下：

(1) 从无限长随机序列 $x(n)$ 中截取长度为 N 的有限长序列 $x_N(n)$；

(2) 采用快速相关法由序列 $x_N(n)$ 求自相关函数 $\hat{R}_x(m)$，具体实现步骤如下：

① 对 N 长序列 $x_N(n)$ 的补 N 个零，得 $x_{2N}(n)$；

② 求 $x_{2N}(n)$ 的 $2N$ 点 FFT，得 $X_{2N}(k)$，$k=0, 1, \cdots, 2N-1$；

③ 求 $\frac{1}{N}|X_{2N}(k)|^2$，对其作傅里叶逆变换，得 $\hat{R}_x(m)$：

$$\hat{R}_x(m) = \frac{1}{2N}\sum_{k=0}^{2N-1} \frac{1}{N}|X_{2N}(k)|^2 W_{2N}^{-mk} \tag{2-14}$$

(3) 由相关函数的傅里叶变换求功率谱，即：

$$\hat{S}_x(e^{jw}) = \sum_{m=0}^{2N-1} \hat{R}_x(m) e^{-jwm} \tag{2-15}$$

二、基于相关功率谱法的多普勒流量测量

1. 基于相关功率谱法的多普勒仿真数据测量

生产井多相流多普勒流量测量中，设含有高斯噪声的多普勒回波信号，经过中频解调后，具有如下形式：

$$s_d(t) = A_0\cos(2\pi f_c t + \phi_0') + A_1\cos[2\pi(f_c+f_1)t + \phi_1'] + \sqrt{2D} \cdot n(t) \tag{2-16}$$

式中，$n(t)$ 为高斯白噪声，D 为噪声强度，中频载波频率 $f_c = 2\text{kHz}$，幅度 $A_0 = 0.5\text{V}$，多普勒频移 $f_1 = 80\text{Hz}$，多普勒信号幅度 $A_1 = 0.05\text{V}$。当信噪比 SNR = 5dB、SNR = 0dB、SNR = -5dB、SNR = -10dB 时，采用自相关功率谱估计，式(2-16)的接收回波信号的功率谱如图 2-2(a)~图 2-2(d)所示。从图 2-2 可以看出，当信噪比 SNR = 5dB、SNR = 0dB、SNR = -5dB 时，采用自相关功率谱估计法在功率密度谱中 $f = 2082\text{Hz}$ 处均出现了一个明显的谱峰，由此可以判断出多普勒频移 $f_1 = 82\text{Hz}$。根据式(2-13)计算出多相流速为 $u = 0.22\text{m/s}$，则对应 2in（1in = 0.0254m）

油管的多相流体积流量为 $Q = 2.39\text{m}^3/\text{h}$，测量误差为 $\Delta Q = \dfrac{0.11}{2.28} \times 100\% = 4.8\%$。

随着信噪比的降低，当 SNR=-10dB 时，采用自相关功率谱分析时，频谱图中大部分频段的噪声功率谱在 10dB 左右，部分噪声功率谱超过了 10dB，而多普勒频移 f=2082Hz 处的功率谱为 16dB，多普勒频移谱与噪声谱很难区分，因此很难有效地判别多普勒频移。因此，在 SNR=-10dB 时，采用自相关功率谱法已经不能有效地进行多普勒流量测量。

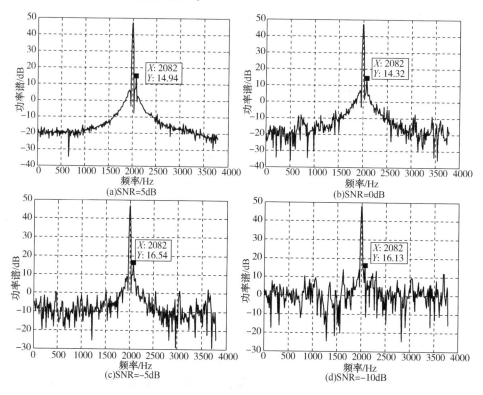

图 2-2　自相关法功率谱

2. 基于相关功率谱法的多普勒实测数据测量

根据生产井多相流的测试要求建立的室内多相流模拟实验系统，示意图如图 2-3 所示。该系统包括搅拌罐、回收罐、曲杆泵、空气压缩机、变频器、流量计、透明管、阀门、管道、法兰等。通过调节 V1~V7 的球形阀和调节阀，控制空气、液体的压力和流速，可用于流速、流量、流型等多相流参数模拟实验。测试段安装多普勒流量传感器、X 射线测量系统以及电导传感器等。数据采集系统位于中控台，用于采集多相流信号，并对其做相关处理和分析。

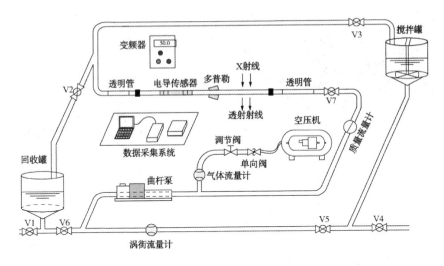

图 2-3 室内多相流模拟实验系统

在图 2-3 的室内生产井油、气、水多相流模拟实验系统中,当管道多相流量 $Q_t=4.842\text{m}^3/\text{h}$ 时,采集了包含高斯噪声的多普勒回波信号,具有如下形式:

$$s_d(t)=A_0\cos(2\pi f_c t+\phi'_0)+\sum_{i=1}^{n}A_i\cos[2\pi(f_c+f_i)t+\phi'_i]+\sqrt{2D}\cdot n(t)$$

(2-17)

式中,$n(t)$ 为高斯噪声;D 为噪声强度;中频载波频率 $f_c=2\text{kHz}$。

当信噪比 SNR = 0dB 时,采集到的多普勒回波信号如图 2-4(a)所示。采用自相关功率谱法对图 2-4(a)所示的多普勒回波信号进行分析,结果如图 2-4(b)所示。从图 2-4(b)可以看出,在 $f=2\text{kHz}$ 处出现了很强的谱峰,这一频率正好对应中频载波频率 $f_c=2\text{kHz}$,而在载波频率的右侧出现了以 $f_d=2170\text{Hz}$ 为最高谱峰的中频多普勒频率信号,则采用式(2-6)计算可得,信息窗内的多普勒平均频率 $\overline{f_d}=2170.72\text{Hz}$;根据式(2-13)计算可得,测量管道内的油、气、水多相流的平均流速 $\overline{u}=0.453\text{m/s}$;根据式(2-8)计算可得,对应 2in 管道内的油、气、水多相流的体积流量 $\hat{Q}=4.923\text{m}^3/\text{h}$,而多相流的实际体积流量 $Q=4.842\text{m}^3/\text{h}$,则多相流总流量测量误差 $\Delta Q=1.67\%$。

当信噪比 SNR = -5dB、SNR = -10dB 时,采用自相关功率谱法对多普勒回波信号进行分析,结果如图 2-5(a)、图 2-5(b)所示。在图 2-5(a)中,在中频载波频率 $f_c=2\text{kHz}$ 右侧出现了以 $f_d=2181\text{Hz}$ 为最高谱峰的中频多普勒频率信号,则信息窗内的多普勒平均频率,采用式(2-6)计算可得 $\overline{f_d}=2158.12\text{Hz}$,由此可计算

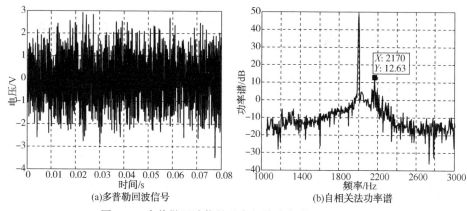

图 2-4 多普勒回波信号及自相关功率谱(SNR = 0dB)

出平均多相流速 $\bar{u}=0.419\text{m/s}$,则对应 $2^{\#}$ 油管的多相流体积流量 $\hat{Q}=4.557\text{m}^3/\text{h}$,则测量误差 $\Delta Q=-5.89\%$。图 2-5(b)中,当信噪比 SNR = -10dB 时,在中频载波频率 $f_c=2\text{kHz}$ 附近区域无明显频谱特征,多普勒频移完全淹没在噪声谱中。随着多普勒回波信号信噪比的降低,采用自相关功率谱法估计多普勒频移的方法开始失效。由此可见,在低信噪比的生产井测量环境中,经典功率谱法已经无法有效检测多普勒频移,因此需要探索新的检测方法以解决噪声背景中生产井多普勒流量测量问题。下面章节将研究随机共振检测理论以及随机共振法在噪声背景中生产井多普勒流量中的应用。

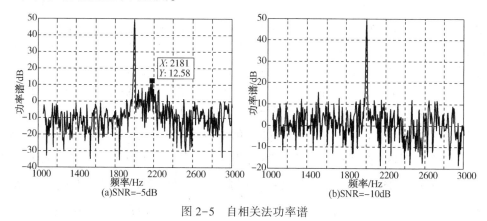

图 2-5 自相关法功率谱

第3节 随机共振检测理论

随机共振理论最初由 Benzi 等在解释地球远古气象中出现的冰期与暖气候期周期交替出现的现象时提出的。随机共振的基本含义是一个非线性双稳系统,仅在小周期信号或噪声驱动下都不足以使系统的输出在两个稳态之间跳跃,而在噪声和小周期信号的共同作用下,随着输入噪声强度的增加,当非线性系统、小周期信号、噪声之间达到了某种匹配时,强噪声不但不会消弱信号的作用,反而将能量大幅度地向小周期信号转移,从而大大提高输出信号信噪比的现象。

一、双稳态随机共振的机理

非线性双稳系统的动力学方程可用 Langevin 方程表示:

$$dx/dt = -dU(x)/dx + s(t) \tag{2-18}$$

通常势函数 $U(x)$ 的表达式如下:

$$U(x) = -\frac{1}{2}ax^2 + \frac{1}{4}bx^4 \tag{2-19}$$

$s(t)$ 为含有噪声的微弱信号,可表示如下:

$$s(t) = A\sin(2\pi ft) + \sqrt{2D} \cdot n(t) \tag{2-20}$$

将势函数式(2-19)和式(2-20)代入式(2-18)中得:

$$dx/dt = ax - bx^3 + A\sin(2\pi ft) + \sqrt{2D} \cdot n(t) \tag{2-21}$$

式中,a、b 为非线性双稳系统参数,通常取 $a=1$,$b=1$;D 为噪声强度,$n(t) \sim N(0, 1)$ 的高斯白噪声。势函数的两个势阱分别为 $x_{1,2} = \pm\sqrt{a/b}$,势阱间距 $\Delta x = 2\sqrt{a/b}$,势垒高度 $\Delta U = a^2/4b$,势函数如图 2-6 所示。改变输入信号和噪声时,会出现以下几种情况。

(1)当 $A=0$,$D=0$ 时,系统状态局限在两个势阱 $x_1 = \sqrt{a/b}$ 和 $x_2 = -\sqrt{a/b}$ 中的任意一个,以系统的初始状态而定。

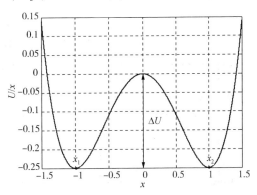

图 2-6 势函数 $U(x)$ 曲线($a=1$,$b=1$)

(2)当 $A \neq 0$,$D=0$ 时,整个系统的平衡被打破,势阱在信号的驱动下发生倾斜。当 $D=0$ 时,若 $A<A_c$($A_c = \sqrt{4a^3/27b}$ 为系统的双稳态临界值),系统状态将在 $x_1 = \sqrt{a/b}$ 或 $x_2 = -\sqrt{a/b}$ 处的势阱内做局部周期运动,前半周期势函数轨迹如图 2-7(a)所示,后半周期势函数轨迹如图 2-7(b)所示;若 $A \geq A_c$,系统输出将克服势垒在势阱间做周期运动,前半周期势函数轨迹如图 2-8(a)所示,后半周期势函数轨迹如图 2-8(b)所示。

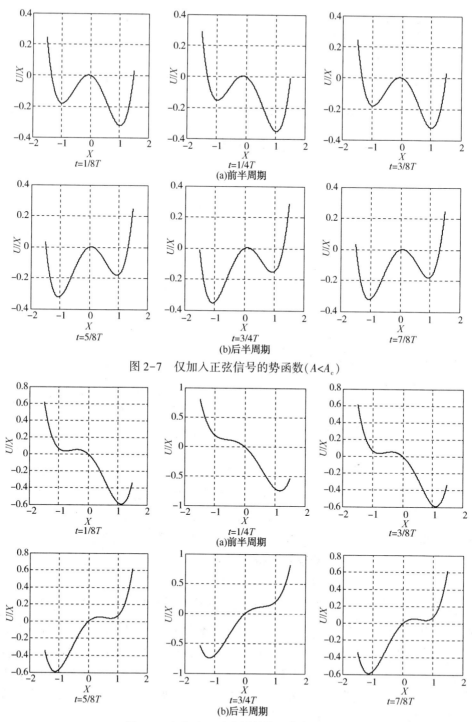

图 2-7 仅加入正弦信号的势函数($A<A_c$)

图 2-8 仅加入正弦信号的势函数($A \geqslant A_c$)

(3) 当 $A=0$, $D\neq 0$ 时, 即仅在噪声激励下, 系统将在某一局部稳态做随机波动。

(4) 当 $A\neq 0$, $D\neq 0$ 时, 即在噪声和周期信号同时激励下, 即使 $A<A_c$, 在噪声驱动下, 系统输出也能克服势垒在势阱间做周期运动, 这一现象被称为随机共振。

二、随机共振的绝热近似理论

当 $A\neq 0$, $D\neq 0$ 时, 即在噪声和周期信号同时激励下, 式(2-21)的福克-普朗克方程(FPE)如下:

$$\frac{\partial \rho(x,t)}{\partial t}=-\frac{\partial}{\partial x}[(ax^2-bx^3+A\sin(2\pi ft))\cdot \rho(x,t)]+D\frac{\partial^2}{\partial x^2}\rho(x,t)$$
(2-22)

式(2-22)中含有非自治项 $-\frac{\partial}{\partial x}[A\sin(2\pi ft)\cdot \rho(x,t)]$, 这一方程不再存在定态解, 也不可能求出任何解的精确表达式。研究者们通常借助绝热近似和本征态展开两种近似方法求解式(2-22)的方程。其中绝热近似理论是 McNamara 于 1989 年提出的, 方法简单, 近似的物理图像清楚, 定性分析与实验结果符合得很好。

当输入信号幅度和频率很低且噪声强度很小时(即 $A\ll 1$, $D\ll 1$, $\omega_0\ll 1$), FPE 方程式(2-22)的长时间演化行为可以简化为两个稳态 $x_{1,2}=\pm\sqrt{a/b}$ 之间进行的概率交换。设 $P_\pm(t)$ 为系统在时间 t 时进入两个势阱 $x_1=\sqrt{a/b}$ 和 $x_2=-\sqrt{a/b}$ 的概率, 则有:

$$\frac{dP_-(t)}{dt}=-R_-(t)P_-(t)+R_+(t)P_+(t) \quad (2-23)$$

由于 $P_+(t)+P_-(t)=1$, 则有:

$$\frac{dP_-(t)}{dt}=R_+(t)-[R_+(t)+R_-(t)]P_-(t) \quad (2-24)$$

其解为:

$$P_-(t)=U^{-1}(t)\left[P_-(t_0)+\int_{t_0}^{t}R_+(t')U(t')dt'\right] \quad (2-25)$$

其中,

$$U(t)=\exp\left\{\int_{t_0}^{t}[R_+(t')+R_-(t')]dt'\right\} \quad (2-26)$$

假设 $R_\pm(t)$ 具有如下形式:

$$R_\pm(t)=f(\alpha\pm\beta\cos(\omega_0 t)) \quad (2-27)$$

式中，α、β 分别表示噪声、信号强度的无量纲量。

对 $R_\pm(t)$ 进行泰勒级数展开，保留 β 的一次项，代入式(2-25)可得到 $P_\pm(t)$ 的渐近解。由此可求出统计意义上的相关函数：

$$<x(t)x(t+\tau)> = \frac{a\alpha_1^2\beta^2\cos(\omega_0\tau)}{2b(\alpha_0^2+\omega_0^2)} + \frac{a}{b}e^{-\alpha_0|\tau|}\left[1-\frac{\alpha_1^2\beta^2}{2(\alpha_0^2+\omega_0^2)}\right] \quad (2-28)$$

由式(2-28)可得到系统输出的功率谱：

$$S(\omega) = \int_{-\infty}^{+\infty} <x(t)x(t+\tau)> e^{-j\omega\tau} dt$$

$$= \frac{\pi a\alpha_1^2\beta^2}{2b(\alpha_0^2+\omega_0^2)}[\delta(\omega-\omega_0)+\delta(\omega+\omega_0)] + \left[1-\frac{\alpha_1^2\beta^2}{2(\alpha_0^2+\omega_0^2)}\right]\frac{2a\alpha_0}{b(\alpha_0^2+\omega^2)} \quad (2-29)$$

式(2-29)的第一项与输入信号同频为输出信号谱，第二项为输出噪声谱，具有洛伦兹形式的连续分布的噪声谱。

在绝热近似条件下($A\ll1$，$D\ll1$，$\omega_0\ll1$)，FPE 方程式(2-22)的准定态解为：

$$\rho_s(x,t) = N\exp\left\{\frac{1}{D}\left[\frac{a}{2}x^2-\frac{b}{4}x^4+Ax\cos(\omega_0 t)\right]\right\} \quad (2-30)$$

势函数为：

$$U(x,t) = -\frac{a}{2}x^2+\frac{b}{4}x^4-Ax\cos(\omega_0 t) \quad (2-31)$$

则两势阱之间的跃迁概率为：

$$R_\pm(t) = \frac{a}{\sqrt{2}\pi}\exp\left(-\frac{\Delta U\pm A\sqrt{a/b}\cos(\omega_0 t)}{D}\right) \quad (2-32)$$

由式(2-32)和式(2-27)可得：

$$\alpha_0 = \frac{\sqrt{2}a}{\pi}\exp\left(-\frac{\Delta U}{D}\right) \quad (2-33)$$

$$\alpha_1\beta = \frac{\alpha_0 A\sqrt{a/b}}{D} \quad (2-34)$$

将式(2-33)、式(2-34)代入式(2-29)(仅取正的频谱)得：

$$S(\omega) = S_1(\omega)+S_2(\omega)$$

$$S_1(\omega) = \frac{\dfrac{a^4A^2}{\pi b^2D^2}\exp\left(-\dfrac{a^2}{2bD}\right)}{2\dfrac{a^2}{\pi^2}\exp\left(-\dfrac{a^2}{2bD}\right)+\omega_0^2}\delta(\omega-\omega_0) \quad (2-35)$$

$$S_2(\omega) = \left[1 - \frac{\dfrac{a^3 A^2}{\pi^2 b D^2}\exp\left(-\dfrac{a^2}{2bD}\right)}{2\dfrac{a^2}{\pi^2}\exp\left(-\dfrac{a^2}{2bD}\right) + \omega_0^2}\right] \frac{\dfrac{2\sqrt{2}a^2}{\pi b}\exp\left(-\dfrac{a^2}{4bD}\right)}{2\dfrac{a^2}{\pi^2}\exp\left(-\dfrac{a^2}{2bD}\right) + \omega^2} \quad (2-36)$$

式中，$S_1(\omega)$ 和 $S_2(\omega)$ 分别为输出信号和噪声的功率谱，则输出功率信噪比为：

$$\mathrm{SNR}_o = \frac{\int_0^\infty S_1(\omega)d\omega}{S_2(\omega=\omega_0)} = \frac{\sqrt{2}a^2 A^2 \exp\left(-\dfrac{a^2}{4bD}\right)}{4bD^2}\left[1 - \frac{\dfrac{a^3 A^2}{\pi^2 b D^2}\exp\left(-\dfrac{a^2}{2bD}\right)}{2\dfrac{a^2}{\pi^2}\exp\left(-\dfrac{a^2}{2bD}\right) + \omega_0^2}\right]^{-1}$$
(2-37)

由式（2-37）可以看出，双稳态随机共振系统输出信噪比 SNR_o 与双稳态非线性系统参数 a、b，输入信号幅度 A、频率 ω_0 以及噪声强度 D 有关。固定非线性双稳系统参数 $a=b=1$，输入信号频率 $\omega_0=0.1\mathrm{rad/s}$，幅度 $A=0.06\mathrm{V}$，则根据式（2-37）计算的输出信噪比 SNR_o 随噪声强度 D 变化的曲线如图 2-9 所示。由图 2-9 可以看出，双稳态随机共振系统的输出信噪比 SNR_o 随着输出噪声强度 D 的变化表现出非单调性，即 SNR_o 随着 D 的增大先增大再减小。当 $D\approx 0.13$ 时，SNR_o 达到最大值，

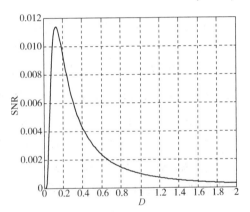

图 2-9 输出信噪比 SNR_o 随噪声强度 D 变化的曲线

$\mathrm{SNR}_{o\max}\approx 0.01137$，表明非线性双稳系统、噪声和输入信号三者之间达到了匹配，产生了随机共振，绝热近似理论很好地从理论上解释了这一现象。

三、参数调整对随机共振输出的影响

当输入信号幅度和噪声强度很小（$A\ll 1$，$D\ll 1$）时，方程（2-21）的统计响应为：

$$\langle x(t) \rangle = \bar{x}\sin(2\pi f_0 t - \bar{\phi}) \quad (2-38)$$

响应的幅度 $\bar{x}$ 和相位延迟 $\bar{\phi}$ 分别为：

$$\bar{x} = \frac{A\langle x^2\rangle_0}{D}\cdot\frac{r_k}{\sqrt{r_k^2+\pi^2 f_0^2}} \quad (2-39)$$

$$\bar{\phi} = \arctan\left(\frac{\pi f_0}{r_k}\right) \qquad (2-40)$$

其中，

$$\langle x^2 \rangle_0 = a/b \qquad (2-41)$$

$$r_k = \frac{a}{\sqrt{2}\pi} \exp\left(-\frac{a^2}{4bD}\right) \qquad (2-42)$$

将式(2-41)、式(2-42)代入式(2-39)得：

$$\bar{x} = \frac{Aa}{bD} \cdot \frac{1}{\sqrt{1 + \frac{2\pi^4 f_0^2}{a^2} \exp\left(\frac{a^2}{2bD}\right)}} \qquad (2-43)$$

由式(2-43)可以看出，非线性双稳系统的响应幅度 $\bar{x}$ 与系统参数 a、b，输入信号幅度 A、频率 f_0 以及噪声强度 D 有关。固定非线性双稳系统参数 $a=b=1$，输入信号频率 $f_0 = 0.08\text{Hz}$，当输入信号幅度 $A=0.01\text{V}$、$A=0.06\text{V}$、$A=0.1\text{V}$ 时，根据式(2-43)计算的输出信号幅度 $\bar{x}$ 随噪声强度 D 变化的曲线如图 2-10 所示。由图 2-10 可以看出，系统响应幅度 $\bar{x}$ 随着噪声强度 D 的增大出现了非单调变化，存在极大值，即出现了随机共振，这一现象与图 2-9 相同。在图 2-10 中，随着输入信号幅度 A 的增加，输出响应幅度 $\bar{x}$ 也随之增加，在以上 3 种信号幅度下，出现随机共振时对应的噪声强度 D_{SR} 略有不同。

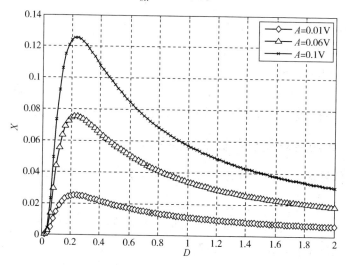

图 2-10 信号幅度 $\bar{x}$ 随噪声强度 D 变化的曲线（$a=b=1$，$f_0=0.08\text{Hz}$）

固定非线性双稳系统参数 $a=b=1$，输入信号幅度 $A=0.06\text{V}$，改变输入信号

频率 $f_0=0.03\text{Hz}$、$f_0=0.07\text{Hz}$、$f_0=0.09\text{Hz}$ 时，根据式(2-43)计算的输出信号幅度 $\bar{x}$ 随噪声强度 D 变化的曲线如图 2-11 所示。由图 2-11 可以看出，随着输入信号频率 f_0 的增加，输出响应幅度 $\bar{x}$ 随之减小，且在不同频率下，出现随机共振时对应的噪声强度 D_{SR} 略有不同。因此，对于固定参数的非线性双稳系统，可通过改变噪声强度 D 使其与不同幅度和频率的输入信号产生随机共振。

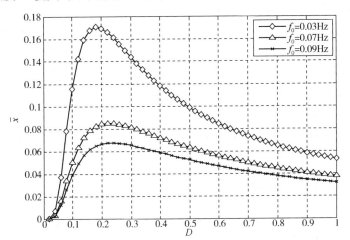

图 2-11　信号幅度 $\bar{x}$ 随噪声强度 D 变化的曲线 ($a=b=1$，$A=0.06\text{V}$)

当输入信号幅度 $A=0.06\text{V}$，频率 $f_0=0.05\text{Hz}$ 时，改变非线性系统参数，根据式(2-43)计算的输出信号幅度 $\bar{x}$ 随噪声强度 D 变化的曲线如图 2-12 所示。由图 2-12 可以看出，对于固定输入信号而言，在不同的非线性双稳系统中产生随机共振所需的噪声强度 D 不同，且对应的输出信号幅度 $\bar{x}$ 也不同，因此当信号幅度 $A=0.06\text{V}$，频率 $f_0=0.05\text{Hz}$ 时，最佳的非线性双稳系统参数为 $a=b=1$。

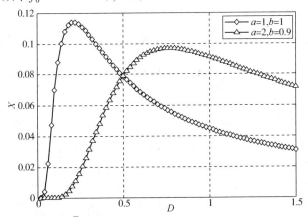

图 2-12　信号幅度 $\bar{x}$ 随噪声强度 D 变化的曲线 ($A=0.06\text{V}$，$f_0=0.05\text{Hz}$)

第4节 基于随机共振法的多普勒流量测量

在生产井场中，由于油气开采和生产的需要，井场存在注水泵、抽油机、抽油泵、潜油泵等大量动力设备，仪器车、变压器、电机控制器等电气设备以及动力、电力管线网等，这些设备在井场中的运转和停止将产生很强的电磁干扰。这些干扰将导致多普勒流量回波信号极其微弱，完全被淹没在生产井场噪声背景中，使得提取多普勒频移存在很大困难，从而使生产井场中多普勒多相流量测量的精度受到极大影响。在低信噪比下、复杂噪声背景中，传统的信号检测方法主要是滤波去除和抑制噪声，但该方法同时对信号本身也造成了损失。而基于随机共振的微弱信号检测方法，与传统的方法相比，强噪声不但不会削弱信号，在一定条件下反而将能量大幅度向小周期信号转移，使得输出信噪比提高。本节研究噪声背景中的随机共振法多普勒流量测量。

一、随机共振的参数调整机理

随机共振法在强噪声背景中检测微弱信号方面引起了很多学者的研究和关注。已有文献中的研究工作均采用通用非线性共振系统（系统参数 $a=1$，$b=1$），但是通用非线性随机共振系统，在微弱信号检测中存在两个问题：一是受小频率参数的限制，只能检测低频周期信号，信号范围为 $0<f\ll1Hz$；二是受微弱信号幅度的限制，在通用非线性系统中，双稳态临界值 $A_c\approx0.3849V$，如果输入信号幅度 $A\ll A_c$，则不会产生随机共振。针对这一情况，研究人员提出一种通过调整非线性系统参数 a、b，克服通用非线性随机共振系统小频率参数和信号幅度限制的方法。

1. 幅度调整原理

利用随机共振进行微弱信号检测时，要求非线性系统的输出信噪比得到较大提高，即信噪比增益 $G=\dfrac{SNR_o}{SNR_i}>1$，才能达到微弱信号检测的目的。当待测信号与噪声相比非常微弱时，线性理论已经不能很好地解释随机共振现象。文献采用非线性随机共振理论对信噪比增益 G 进行了深入研究，仿真计算发现，通用非线性共振系统（系统参数 $a=1$，$b=1$）中，信号频率 $\omega_0=0.1rad/s$，当输入为超阈值信号时，通常当输入信号幅度 $A>5A_c$ 时，将产生随机共振且信噪比增益 $G>1$；当输入为亚阈值信号时，即 $A<A_c$ 时，无论如何调整噪声强度 D，都将不会产生随机共振且信噪比增益 $G<1$。因此要实现强噪声背景中的微弱信号检测，必须调整输入信号幅度 A，使其处于超阈值状态。

通常可以采用两种调整方法，使输入信号处于超阈值状态：一是对输入信号放大，以增大输入信号幅度 A；二是调整非线性参数 a、b，以减小 A_c。下面以第一种方法为例说明调整原理。

设放大后的信号为：

$$s'(t) = k \cdot [A\sin(2\pi ft) + \sqrt{2D} \cdot n(t)] \tag{2-44}$$

将式(2-20)中的输入信号用式(2-44)替代，则非线性双稳系统变为：

$$\frac{\mathrm{d}x}{\mathrm{d}t} = ax - bx^3 + k[A\sin(2\pi ft) + \sqrt{2D} \cdot n(t)] \tag{2-45}$$

令 $x' = x/k (k \geqslant 1)$，则有：

$$\frac{\mathrm{d}x'}{\mathrm{d}t} = ax' - k^2 bx'^3 + A\sin(2\pi ft) + \sqrt{2D} \cdot n(t) \tag{2-46}$$

令 $b' = k^2 b (k \geqslant 1)$，则有：

$$\frac{\mathrm{d}x'}{\mathrm{d}t} = ax' - b'x'^3 + A\sin(2\pi ft) + \sqrt{2D} \cdot n(t) \tag{2-47}$$

式(2-47)与式(2-21)相比，式(2-47)的系统参数 b 增大了，有 $b' = k^2 b$，参数 a 不变，因而使得势垒降低，$\Delta U' = a^2/4b' = \Delta U/k^2$；双稳系统临界值变小，有 $A'_c = A_c/k$，输入信号幅度 A 和噪声强度 D 不变；势阱间距变小，有 $\Delta x' = \Delta x/k$。在式(2-21)的势垒 ΔU、势阱间距 Δx、临界值 A_c 及信号幅度 A 条件下，由于 A 过小，不能产生共振，而在式(2-47)中，势垒 $\Delta U'$、势阱间距 $\Delta x'$、临界值 A'_c 及信号幅度 A 条件下，只要调整合适的系数 $k(k \geqslant 1)$，就可以达到共振。

从上述推导过程可以看出，第一种方法(对输入信号放大 k 倍，作用于非线性系统)等效于第二种方法中的增大系数 $b(b' = k^2 b)$，使得 A_c 减小($A'_c = A_c/k$)，势阱间距变小($\Delta x' = \Delta x/k$)，势垒降低($\Delta U' = \Delta U/k^2$)。此外，第一种方法还对非线性系统变量 x 进行了尺度扩张($x = kx'$)，故相同条件下采用第一种方法非线性系统的输出等于第二种方法的 k 倍，因而选择第一种方法。

2. 频率调整原理

通常发生随机共振必须满足由噪声引起的平衡态间的跳变与输入信号周期同步，即输入信号频率 $f_0 = r_k/2$。式中，$r_k = \dfrac{a}{\sqrt{2}\pi}\exp\left(-\dfrac{\Delta U}{D}\right)$，为 Kramers 逃逸率。在通用非线性系统中，即系统参数 $a = 1$，$b = 1$，则 r_k 不能突破其极限值 $r_{k\lim} = \dfrac{a}{\sqrt{2}\pi} \approx 0.225\mathrm{Hz}$。因而理论上，此系统只能与 $0 < f_0 < 0.112\mathrm{Hz}$ 的低频信号产生共振，受到了小频率参数的限制。若要实现大频率信号的随机共振，可采用两种方法进行调整：一是通过调整非线性系统参数 a、b 改变 r_k，使 $r_k/2$ 接近输入信号

频率 f_0；二是对输入高频信号进行调制，使调制后的低频信号满足通用非线性随机共振系统的小频率参数要求。

1) 非线性参数共振频率调整原理

从 Kramers 逃逸率 r_k 的表达式可以看出，r_k 存在极限值 $r_{klim}=\frac{a}{\sqrt{2}\pi}$，则 $0<r_k<r_{klim}$。增大参数 a，极限值 r_{klim} 增大，然而随着 a 增大，$\Delta U=a^2/4b$ 增大，r_k 将快速减小并趋于零。反之，减小参数 a，r_k 将增大，然而随着 a 的减小，极限值 $r_{klim}=\frac{a}{\sqrt{2}\pi}$ 减小，而 r_k 不会超过其极限值 r_{klim}。因而仅仅调整参数 a 并不能使大频率信号产生共振。增大参数 b，$\Delta U=a^2/4b$ 减小，r_k 增大，随着 b 的增大 r_k 将趋于极限值 r_{klim}。由于参数 a 不变，极限值 $r_{klim}=\frac{a}{\sqrt{2}\pi}$ 不变，因此仅增大参数 b，不会使 r_k 超出极限值 $\frac{a}{\sqrt{2}\pi}$。因此对于 $f>r_{klim}/2$ 的高频信号，仅调整系统参数 b 不能实现随机共振。通过上述分析，需要同时调整参数 a 和 b，令 $a''=Ra$，$b''=R^3b$ ($R\geqslant 1$)，则式 (2-21) 变换为：

$$dx/dt = a''x - b''x^3 + A\sin(2\pi ft) + \sqrt{2D}\cdot n(t) \quad (2-48)$$

由式 (2-48) 的系统参数调整为 $a''=Ra$，$b''=R^3b$，则 r_k 极限值增大 R 倍，有 $r''_{klim}=R\cdot r_{klim}$，势垒降低 $\Delta U''=a''^2/4b''=\Delta U/R$，则 r_k 增大且随着 R 增大而趋于其极限值 r''_{klim}。因此调整系数 R，使 $a''=Ra$，$b''=R^3b$，可提高非线性系统的随机共振频率。

大量数值仿真表明，通用非线性随机共振系统 ($a=1$，$b=1$) 中，实际的共振频率范围为 $0<f<0.1$Hz。因此，若要实现任意频率信号的随机共振，必须将输入信号的频率通过频率尺度因子 R 映射到 $0<f<0.1$Hz 范围内。故当 $R=10$ 时，共振频率范围扩展到 $0<f<1$Hz；当 $R=100$ 时，共振频率范围扩展到 $0<f<10$Hz；当 $R=1000$ 时，共振频率范围扩展到 $0<f<100$Hz；依此类推，增大 R 可实现任意频率信号的随机共振。

2) 高频信号频率调制原理

频率调制随机共振的基本原理是：用高频载波对输入微弱高频信号进行调制，通过可变载波将高频输入信号调制成小频率信号，以满足通用非线性随机共振系统要求。设可变载波信号为：

$$c(t)=\cos(2\pi f_c t) \quad (2-49)$$

式 (2-20) 描述的输入信号 $s(t)$ 经式 (2-49) 描述的载波信号调制后的输出为：

$$v(t) = s(t)c(t)$$
$$= \cos(2\pi f_c t) \cdot [A\sin(2\pi ft) + \eta(t)]$$
$$= \frac{A}{2}\sin[2\pi(f_c+f)t] + \frac{A}{2}\sin[2\pi(f-f_c)t] + \cos(2\pi f_c t) \cdot \eta(t)$$
$$= v_1(t) + v_2(t) + \eta(t)$$

(2-50)

式中，$v_1(t) = \frac{A}{2}\sin[2\pi(f_c+f)t]$；$v_2(t) = \frac{A}{2}\sin[2\pi(f-f_c)t]$。令 $\Sigma f = f_c + f$，$\Delta f = f - f_c$。对于高频输入信号，通过调节载波频率 f_c，总能使 Δf 满足小频率参数要求，产生随机共振。

在实际应用中，由于通用非线性共振系统（参数 $a=1$，$b=1$），只能与 $0 < f <$ 0.1Hz 的低频信号产生共振，而输入信号的频率往往很难预知，因此采用这种方法的载波频率的调节方向、调节步长很难确定，给实际应用带来了很大困难。故采用第一种方法调整共振频率，实现大频率信号的随机共振。

二、基于随机共振法的微弱信号检测方法

1. 基于随机共振的频率检测方法

根据上述幅度和频率调整原理，可提出一种基于随机共振的任意频率微弱信号检测方法。该方法的检测模型如图 2-13 所示。经过理论推导和大量的数值仿真可知，通用非线性随机共振系统（参数 $a=1$，$b=1$），仅能与输入信号幅度 $A >$ 0.3849V、频率 $0 < f < 0.1$Hz 的低频周期信号发生随机共振。若输入信号不满足上述幅度和频率范围，则需要对非线性随机共振系统的参数 a、b 进行调整。检测思路如下：

（1）调整输入信号幅度，调整系数 k（如令 $k=10$，20，30，…），令 $b' = k^2 b$，$x' = x/k$，代入式（2-47）的非线性系统进行求解；

（2）调整输入信号频率，调整系数 R（令 $R=10$，10^2，10^3，…），使 $a'' = Ra$，$b'' = R^3 b'$，代入式（2-48）的非线性系统进行求解；

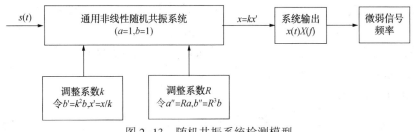

图 2-13 随机共振系统检测模型

(3) 通过(1)和(2)调整合适的系数 k 和 R, 使得输入信号、噪声、非线性系统达到了随机共振, 对随机共振的输出 $x(t)$ 进行 FFT 变换得到其频谱 $X(f)$, 由此检测输入微弱信号的频率。

2. 任意频率微弱周期信号的频率检测仿真实例

1) 单一频率微弱信号的频率检测

设输入信号幅度 $A=3\times10^{-4}$V, 输入信号频率 $f_0=3$MHz, 采样率 $f_s=3\times10^8$Hz, 输入信噪比 SNR=-40dB。以上参数代入式(2-21)中求解, 输出信号如图 2-14(a)所示。由图 2-14(a)可以看出, 输出信号非常微弱, 调整系数 k。当 $k=2\times10^3$, 即 $b'=4\times10^6$, 代入式(2-47)中求解, 则非线性共振系统输出信号如图 2-14(b)所示。从图 2-14(b)可以看出, 输出信号与图 2-14(a)相比有明显增大, 但没有达到共振状态。由前文共振频率调整理论可知, 调整系数 k 仅改变了参数 b, 对通用非线性系统的共振频率范围(0<f<0.1Hz)基本无影响。为了检测高频率信号, 必须调整系数 R 改变参数 a、b, 以提高非线性系统的随机共振频率。当 $R=5\times10^4$(系统共振频率范围扩展到 0~5000Hz), $b=b'=4\times10^6$, 代入式(2-48)中求解, 则非线性共振系统输出信号和功率谱如图 2-14(c)、图 2-14(d)所示。从图 2-14(c)、图 2-14(d)可以看出, 输出信号增强, 但频谱能量仍然集中在较低频部分, 没有达到随机共振。继续增大 R, 当 $R=10^8$(系统共振频率范围扩展到 0~10MHz), $b=b'=4\times10^6$, 代入式(2-48)中求解, 则非线性共振系统输出信号和功率谱如图 2-14(e)、图 2-14(f)所示。从图 2-14(e)、图 2-14(f)可以看出, 当 $k=2\times10^3$, $R=5\times10^4$ 时, 非线性共振系统输出具有周期性, 达到了随机共振状态。从频谱图中可判定出输入信号的频率为 $f_{0m}=3.003\times10^6$Hz, 此时测量误差为 0.1%。

设输入信号幅度 $A=8\times10^{-6}$V, 输入信噪比 SNR=-45dB, 输入信号频率 $f_0=1$THz, 采样率 $f_s=10^{14}$Hz。采用上述调整参数方法调整 k 和 R, 当 $k=8.75\times10^4$, $R=10^{14}$ 时, 非线性共振系统输出信号和功率谱如图 2-15(a)、图 2-15(b)所示。从图 2-15(a)、图 2-15(b)可以看出, 非线性共振系统的输出具有周期性, 达到了随机共振状态, 功率谱图中具有明显的谱峰, 对应频率为 $f_{0m}=1.001\times10^{12}$Hz。如果保持 k 不变, 减小 R, 则出现图 2-14(e)、图 2-14(f)的情况, 输出不再是随机共振态。如果同时减小 k、R, 则出现图 2-14(a)、图 2-14(b)的情况, 输出信号更微弱。由此可以判断, 输入信号的频率为 $f_{0m}=1.001\times10^{12}$Hz。

2) 复合微弱信号的频率检测

假设式(2-20)中的输入信号为复合信号,

$$s(t)=A_1\sin(2\pi f_1 t)+A_2\sin(2\pi f_2 t)+\sqrt{2D}\cdot n(t) \quad (2-51)$$

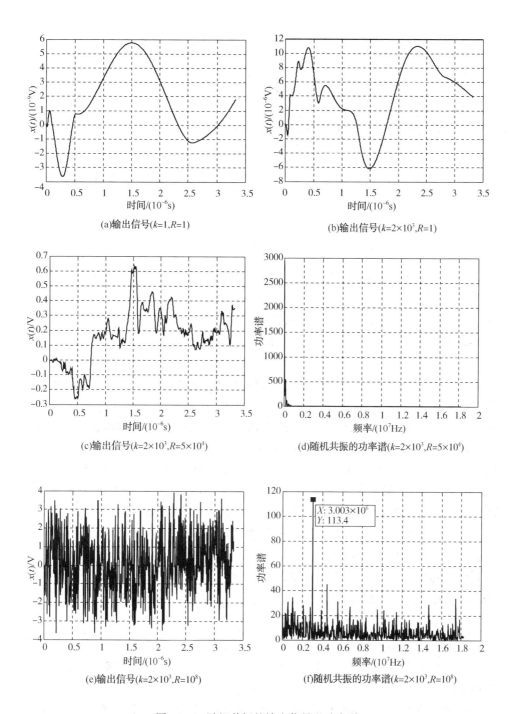

图 2-14 随机共振的输出信号和功率谱

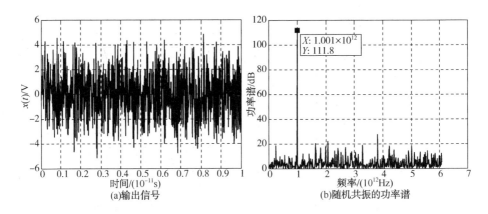

图 2-15　随机共振的输出信号和功率谱（$k=8.75\times10^4$，$R=10^{14}$）

通用非线性系统参数 $a=1$，$b=1$，设式（2-51）中输入信号幅度 $A_1=7\times10^{-6}$ V，$A_2=9\times10^{-6}$ V，输入信号频率 $f_1=100\mathrm{MHz}$，$f_2=20\mathrm{GHz}$，输入噪声强度 $D=6.4\times10^{-7}$，设采样率 $f_s=10^{12}\mathrm{Hz}$。以上参数代入式（2-21）中求解，输出与图 2-14（a）、图 2-14（b）情况相同，输出信号非常微弱。调整系数 k，当 $k=9.9\times10^4$，即 $b'=9.8\times10^9$，代入式（2-47）中求解，输出与图 2-14（c）、图 2-14（d）情况相同，输出信号增大，但没有达到共振状态。调整系数 R，提高非线性系统的共振频率范围，当 $R=10^{10}$，$b=9.8\times10^9$ 时，代入式（2-48）中求解，则输出信号和功率谱如图 2-16（a）、图 2-16（b）所示。从图 2-16（a）、图 2-16（b）可以看出，输出具有明显周期性，在频率为 $9.966\times10^7\mathrm{Hz}$ 处出现了谱峰，由此可以判定输入中含有 $f=9.966\times10^7\mathrm{Hz}$ 的周期信号。继续增大 R，当 $R=10^{12}$，$b=9.8\times10^9$ 时，代入式（2-48）中求解，则输出信号和功率谱如图 2-16（c）、图 2-16（d）所示。从图 2-16（c）、图 2-16（d）中可以看出，输出具有明显周期性，在频率 2.002×10^{10} Hz 处出现了谱峰，由此可以判定输入中含有 $f=2.002\times10^{10}\mathrm{Hz}$ 的周期信号。继续增大 R，观察输出是否有新增的谱峰：若有，则判定为输入的频率成分；若无，表明输入的频率成分已经被完全检测出来。本例中检测到的两个频率分别为 $f_{1m}=99.66\mathrm{MHz}$，$f_{2m}=20.02\mathrm{GHz}$，两个信号的信噪比分别为 $-47.18\mathrm{dB}$、$-45\mathrm{dB}$，测量误差分别为 0.34%、0.1%。

3. 随机共振法的收敛性

下面对所提出的随机共振任意频率微弱信号检测方法的计算速度、收敛性等进行分析。

固定参数 k，改变参数 R 的值，随着参数 R 的增大，计算速度变慢；当调整 R 使非线性系统达到随机共振时，计算速度明显变慢，此时系统收敛；当 R 处于

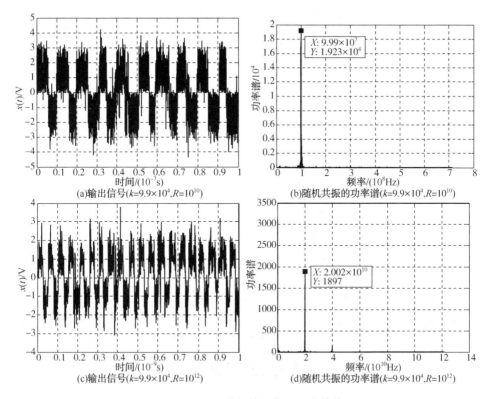

图 2-16 随机共振输出信号和功率谱

其他参数时,系统是发散的,不收敛。固定参数 R,改变参数 k,随着 k 的增大,计算时间依次增加。当调整参数 k 使非线性系统开始达到共振状态时,系统开始收敛,随着 k 的增大,收敛速度下降;反之系统是发散的。

下面以输入信号幅度 $A=4\times10^{-5}$V、频率 $f_0=1\times10^6$Hz、信噪比 SNR$=-20$dB、采样频率 $f_s=1\times10^8$Hz、采样点数 $N=512$ 为例进行说明。

(1) 固定参数 $k(k=6000)$,改变参数 R 的值,该算法随参数 R 变化的运行时间如表 2-1 所示。当参数 R 在 $[1,1\times10^6]$ 变化时,计算速度较快;随着参数 R 的继续增大,计算速度明显变慢;当 $R=10^8$ 时,随机共振非线性系统达到了共振状态,系统收敛,此时的计算速度最慢;反之,输出是发散的,算法不收敛。

(2) 固定参数 $R(R=1\times10^8)$,改变参数 k,该算法随参数 k 变化的运行时间如表 2-2 所示。当 k 在 $[1,6000]$ 变化时,随着 k 的增大,计算时间依次增加。当 $k>4000$ 时,随机共振非线性系统开始达到共振状态,此时系统开始收敛,随着 k 的增大,共振效果更明显。反之,输出是发散的,算法不收敛。

表2-1 算法随参数 R 变化的运行时间

参数 R	运行时间 t/s	参数 R	运行时间 t/s
$R=1$	0.201277	$R=10^5$	0.342777
$R=10$	0.199425	$R=10^6$	0.605736
$R=100$	0.199284	$R=10^7$	3.799429
$R=10^3$	0.214237	$R=10^8$	16.052177
$R=10^4$	0.348329		

表2-2 算法随参数 k 变化的运行时间

参数 k	运行时间 t/s	参数 k	运行时间 t/s
$k=1$	1.106043	$k=3000$	8.660429
$k=10$	1.120115	$k=4000$	10.616760
$k=100$	1.663482	$k=5000$	13.502434
$k=1000$	4.397751	$k=6000$	16.052177
$k=2000$	6.547023		

三、基于随机共振法的多普勒流量测量

1. 基于随机共振法的多普勒仿真数据测量

多普勒回波信号具有式(2-16)的形式，其中包含了中频载波分量、以载波为基准的多普勒频移分量和高斯噪声。参数如下：中频载波频率 $f_c=2\text{kHz}$，幅度 $A_0=0.5\text{V}$，多普勒频移 $f_1=80\text{Hz}$，多普勒信号幅度 $A_1=0.05\text{V}$，噪声强度 $D=0.625(\text{SNR}=-10\text{dB})$。多普勒回波信号和频谱如图2-17(a)、图2-17(b)所示。在图2-17(b)中，仅能分辨中频载波的频率 $f_c=2\text{kHz}$，而其他频谱均被噪声频谱被完全淹没，因而无法识别多普勒频移量。

下面采用基于随机共振的微弱信号检测方法进行多普勒频移识别。将式(2-16)的多普勒回波信号作为式(2-21)通用非线性双稳态系统的输入信号。当系数 $k=1$，$R=1$ 时，非线性系统输出与图2-14(a)、图2-14(b)相似，输出信号非常微弱，表明系数 k、R 不合适，噪声、输入信号、非线性系统没有达到随机共振。按照前文中的方法调整系数 k 和 R，当 $k=10$、$R=2.08\times10^5$ 时，非线性系统的输出信号及频谱如图 2-18(a)、图 2-18(b) 所示。从图 2-18(a)、图 2-18(b)中可以看出，时域信号表现出明显周期性，在频率为 2000Hz 处出现了很强的谱峰，此谱峰对应中频载波的频率 $f_c=2\text{kHz}$，且在载波右侧 $f=2082\text{Hz}$ 处出现了另一个较强的谱峰，由此可以判定多普勒频移 $f_1=82\text{Hz}$，由式(2-13)可

以计算出对应 $2^{\#}$ 油管内油气水多相流流速 $u=0.22\mathrm{m/s}$，对应流量 $\hat{Q}=2.39\mathrm{m^3/h}$，则测量误差为 $\Delta Q = \dfrac{0.11}{2.28} \times 100\% = 4.8\%$。

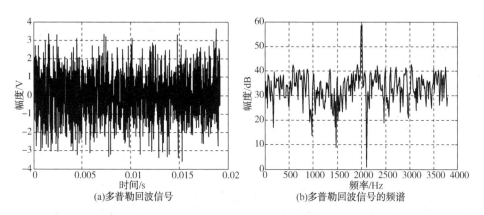

(a) 多普勒回波信号　　(b) 多普勒回波信号的频谱

图 2-17　多普勒回波信号及频谱（SNR=-10dB）

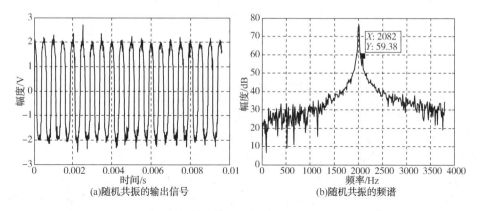

(a) 随机共振的输出信号　　(b) 随机共振的频谱

图 2-18　随机共振输出信号和频谱（$k=10$，$R=2.08\times10^5$）

继续增大噪声强度，当噪声强度 $D=6.25$（SNR=-20dB）、$D=62.5$（SNR=-30dB）、$D=197.6$（SNR=-35dB）、$D=625$（SNR=-40dB）时，采用基于随机共振的微弱信号检测方法进行多普勒频移识别，当 $k=10$，$R=2.08\times10^5$ 时，非线性系统输出信号的频谱分别如图 2-19(a)～图 2-19(d) 所示。从图 2-19(a)～图 2-19(c) 中可以看出，在中频载波频率 $f_c=2\mathrm{kHz}$ 右侧 $f=2082\mathrm{Hz}$ 处出现了另一个较强的谱峰，由此可以判定多普勒偏移频率 $f_1=82\mathrm{Hz}$。而在图 2-19(d) 中，在中频载波频率 $f_c=2\mathrm{kHz}$ 右侧出现了两个较强谱峰，因此当 SNR=-40dB 时，通过随机共振法无法判断多普勒频率偏移，此方法失效。

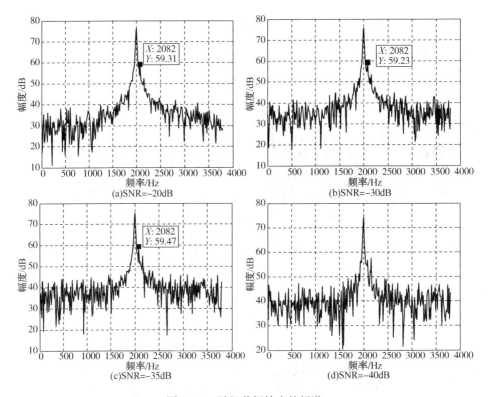

图 2-19 随机共振输出的频谱

2. 基于随机共振法的多普勒实测数据测量

采用前文中采集的包含高斯噪声的多普勒回波信号进行油、气、水多相流量测量。当信噪比 SNR = −5dB、SNR = −10dB、SNR = −20dB、SNR = −25dB 时，按照前文所述方法调整非线性系数 k 和 R，当 $k=50$、$R=43360$ 时，非线性随机共振系统的输出频谱分别如图 2-20(a)~图 2-20(d) 所示。从图 2-20(a) 中可以看出，在中频载波频率 $f_c=2$kHz 的右侧出现了以 $f_d=2170$Hz 为最高谱峰的多普勒频率，则信息窗内的多普勒平均频率采用式(2-6)计算 $\bar{f}_d=2170.85$Hz，由此可计算出平均多相流速 $\bar{u}=0.453$m/s，则对应 $2^\#$ 油管的多相流体积流量 $\hat{Q}=4.923$m³/h，则测量误差 $\Delta Q=1.67\%$。

从图 2-20(b) 中可以看出，在中频载波频率 $f_c=2$kHz 的右侧出现了以 $f_d=2170$Hz 为最高谱峰的多普勒频率，则信息窗内的多普勒平均频率采用式(2-6)计算 $\bar{f}_d=2166.72$Hz，由此可计算出平均多相流速 $\bar{u}=0.442$m/s，则对应 2in 油管的多相流体积流量 $\hat{Q}=4.806$m³/h，则测量误差 $\Delta Q=0.74\%$。

从图 2-20(c) 中可以看出，在中频载波频率 $f_c=2$kHz 的右侧出现了以 $f_d=$

2165Hz 为最高谱峰的多普勒频率,则信息窗内的多普勒平均频率采用式(2-6)计算$\overline{f_d}$=2158.62Hz,由此可计算出平均多相流速$\overline{u}$=0.421m/s,则对应2in油管的多相流体积流量$\hat{Q}$=4.572m³/h,则测量误差ΔQ=-5.57%。

从图2-20(d)中可以看出,当信噪比SNR=-25dB时,在中频载波频率f_c=2kHz附近区域无明显频谱特征,多普勒频率完全被淹没在噪声谱中,此时利用随机共振法检测多相流量的方法失效。

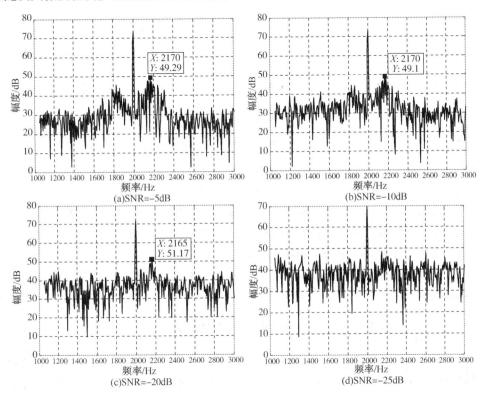

图 2-20 随机共振输出的频谱

第5节 多普勒流量测量结果及分析

一、多普勒仿真数据测量结果比较及分析

采用式(2-16)的包含高斯噪声的单颗粒多普勒仿真数据进行多相流量测量,式(2-16)中,$n(t)$为高斯噪声,D为噪声强度,中频载波频率f_c=2kHz,幅度A_0=0.5V,多普勒频移f_1=80Hz,多普勒信号幅度A_1=0.05V。

采用自相关功率谱估计的功率谱,当信噪比 SNR＝5dB、SNR＝0dB、SNR＝-5dB、SNR＝-10dB 时,功率谱分别如图 2-2(a)~图 2-2(d)所示。由图 2-2 可以看出,当信噪比 SNR＝5dB、SNR＝0dB、SNR＝-5dB 时,采用相关功率谱估计法,均可以判断出多普勒频移 $f_1=82\text{Hz}$,误差 $\Delta Q=\frac{0.11}{2.28}\times100\%=4.8\%$;而当 SNR＝-10dB 时,采用相关功率谱估计法,信号谱与噪声谱基本无区别,无法进行多普勒频移识别。

采用随机共振任意频率微弱信号检测方法,当信噪比 SNR＝-10dB、SNR＝-20dB、SNR＝-30dB、SNR＝-35dB、SNR＝-40dB 时,频谱分别如图 2-18(b)和图 2-18(a)~图 2-18(d)所示。从图 2-18(b)和图 2-18(a)~图 2-18(c)中可以看出,当 SNR＝-10dB、SNR＝-20dB、SNR＝-30dB、SNR＝-35dB 时,采用随机共振任意频率微弱信号检测方法均能识别出多普勒频移 $f_1=82\text{Hz}$,流量测量误差 $\Delta Q=\frac{0.11}{2.28}\times100\%=4.8\%$;而当 SNR＝-40dB 时,采用随机共振任意频率微弱信号检测方法时,频谱中出现了虚假峰值。

由以上自相关功率谱估计法和随机共振任意频率微弱信号检测方法的仿真对比分析可知,对包含高斯噪声的单颗粒多普勒仿真数据进行多相流量测量时,自相关功率法能够对 SNR≥-5dB 的单颗粒多普勒回波信号进行多普勒频移检测,而当信噪比 SNR≤-10dB 时,该方法失效;而随机共振任意频率微弱信号检测方法能够对 SNR≥-35dB 的单颗粒多普勒回波信号进行多普勒频移检测,而当 SNR≤-40dB 时,该方法失效。

二、多普勒实测数据测量结果比较及分析

在室内生产井油、气、水多相流模拟实验系统中采集包含高斯噪声的多普勒回波信号。采用自相关功率谱法对采集的多普勒回波信号进行分析,当信噪比 SNR＝0dB、SNR＝-5dB、SNR＝-10dB 时,功率谱分别如图 2-4(b)和图 2-4(a)、图 2-4(b)所示。从图 2-4(b)中可以看出,当 SNR＝0dB 时,计算信息窗内的多普勒平均频率 $\overline{f_d}=2170.72\text{Hz}$,则流量测量误差 $\Delta Q=1.67\%$。在图 2-5(a)中,当 SNR＝-5dB 时,计算信息窗内的多普勒平均频移 $\overline{f_d}=2158.12\text{Hz}$,则流量测量误差 $\Delta Q=-5.89\%$。在图 2-5(b)中,当 SNR＝-10dB 时,在中频载波频率 $f_c=2\text{kHz}$ 附近区域无明显频谱特征,多普勒频移完全淹没在噪声谱中。

采用所提出的随机共振任意频率微弱信号检测方法对采集的多普勒回波信号进行分析,当信噪比 SNR＝-5dB、SNR＝-10dB、SNR＝-20dB、SNR＝-25dB 时,非线性随机共振系统的输出频谱分别如图 2-20(a)~图 2-20(d)所示。从图 2-20

(a)中可以看出，当 SNR = -5dB 时，在中频载波频率右侧出现了以 f_d = 2170Hz 为最高谱峰的多普勒频率，计算信息窗内的多普勒平均频率 $\overline{f_d}$ = 2170.85Hz，多相流量测量误差 ΔQ = 1.67%。从图 2-20(b)中可以看出，当 SNR = -10dB 时，在中频载波频率右侧出现了以 f_d = 2170Hz 为最高谱峰的多普勒频率，计算信息窗内的多普勒平均频率 $\overline{f_d}$ = 2166.72Hz，流量测量误差 ΔQ = 0.74%。从图 2-20(c)中可以看出，当 SNR = -20dB 时，在中频载波频率右侧出现了以 f_d = 2165Hz 为最高谱峰的中频多普勒频率，则信息窗内的多普勒平均频率 $\overline{f_d}$ = 2158.62Hz，测量误差 ΔQ = -5.57%。从图 2-20(d)中可以看出，当信噪比 SNR = -25dB 时，在中频载波频率 f_c = 2kHz 附近区域无明显频谱特征，多普勒频移完全淹没在噪声谱中。

由以上自相关功率谱估计法和随机共振任意频率微弱信号检测方法的对比分析可知，采用自相关功率法，当 SNR ≥ -5dB 时对包含高斯噪声的实测多普勒回波信号进行谱估计，可识别出多普勒频移，实现多相流量的测量；当 SNR ≤ -10dB 时，多普勒频移完全淹没在噪声谱中，该方法失效。采用随机共振任意频率微弱信号检测方法，当 SNR ≥ -20dB 时，对包含高斯噪声的实测多普勒回波信号进行频率检测，可识别出多普勒频移，实现多相流量的测量；当 SNR ≤ -25dB 时，多普勒频移完全淹没在噪声谱中，该方法失效。对于生产井多普勒流量回波信号的频移测量，随机共振任意频率微弱信号检测方法与自相关功率谱法相比，最低信噪比扩展了 -15dB，更适合于复杂井场环境中低信噪比下的多普勒多相流测量。

第6节 生产井多普勒流量测量系统与实验

一、硬件测量系统

所设计的多普勒法流量测量系统采用 TI 公司 TMS320F2812 作为主控芯片，主要包括多普勒发射电路、回波信号接收电路、AD 采集、频谱分析、显示、通信等。系统硬件结构如图 2-21 所示。其中多普勒发射电路产生中心频率为 640kHz 的正弦波信号，经过功率放大电路、驱动电路加载到多普勒传感器上，实现多普勒信号的发射。回波接收电路包括选频、放大、解调等。选频放大电路对接收传感器接收到的小信号进行一定程度的频率选择和放大，滤除发射频率范围外的噪声，并且在不超过解调电路允许的电压范围内提高信号的幅度，以利于后期信号处理。低噪声前置放大电路对接收到的超声回波信号进行二次放大，同时将接收到的信号转换成差分信号输出，以满足解调电路对信号幅度等的要求。电路系统实物如图 2-22 和图 2-23 所示。

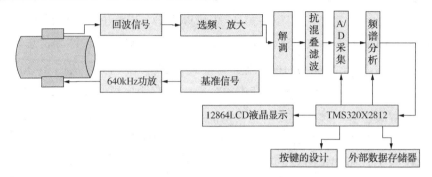

图 2-21 多普勒流量测量系统框图

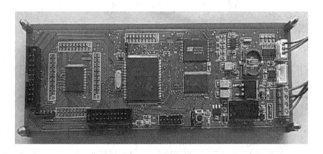

图 2-22 数字电路实物

图 2-23 模拟电路实物

由于多普勒发射信号频率一般较高，如果直接对接收到的高频信号进行频谱分析会存在两方面的问题：①需要较高的采样率；②频率分辨率在高采样率的情况下，要获得较高的频率分辨率需要采样点数足够大，对存储空间的要求比较高。考虑将多普勒信号进行中频解调，既可以判断流速方向信息，也可以提高低流速测量时多普勒信号的稳定性和抗干扰性，减少低流速测量采样时间，改善低流速测量的稳定性。

采用外差法进行解调，通过将回波信号与一个非载波频率信号（采用

2.552MHz 的方波信号,经过解调芯片内部的 4 分频后为 638kHz)进行相干解调,将信号解调到 2kHz,从而将多普勒频移解调在差频信号上,这样就得到了一个包含流体流动的流速信息和方向信息的低频信号,解调后流体静止和流动条件下的信号波形分别如图 2-24 和图 2-25 所示。由此可以看出,解调后的信号包含了流体流动信息。

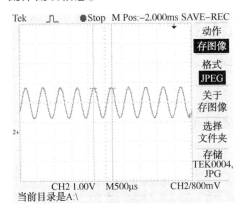

图 2-24 流体静止条件下解调后的信号

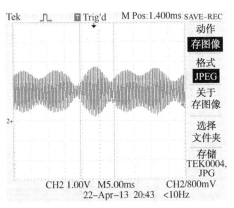

图 2-25 流体流动条件下解调后的信号

二、多普勒传感器

多普勒传感器性能直接影响接收的回波信号,选择不合适将影响测量精度。多普勒传感器一般考虑工作频率、入射角等参数。工作频率影响超声波在介质中的传播,一般多相流中超声波频率范围通常为 0.5~2MHz。超声波入射时在管壁及流体界面处会发生折射,转换成两束纵波在流体中传播,通常选择入射角大于第一临界角,以提高传感器对接收信号的选择性。当管道为钢管时,传感器通常选择有机玻璃为声导,入射角范围为 28.7°~60°。

多普勒传感器通常选用压电陶瓷片。压电陶瓷存在固有频率,当外加信号的频率等于压电陶瓷固有频率时,陶瓷片就产生机械谐振。产生谐振时其阻抗达到最小,输出电流最大,因此优化多普勒传感器参数时,需要确定其工作频率。所采用的多普勒传感器如图 2-26 所示,其阻抗特性如图 2-27 所示,相频特性如图 2-28 所示。由图 2-27 可知,多普勒传感器在 100~1.0MHz 测量范围内,在

图 2-26 多普勒超声传感器

620kHz附近电导存在一个极大值,在690kHz附近存在一个极小值。因此,可知此探头的串联谐振频率约为620kHz,并联谐振频率约为690kHz。而由图2-28可知,超声传感器在600~670kHz的范围内,相位基本满足线性关系。综合测试结果,在传感器串联谐振频率f_s与并联谐振频率f_p之间靠近f_s处存在一个最大响应频率f_m,当探头工作在此频率时,接收探头的灵敏度最高,发射探头的输出功率最大。经过多次测试实验,最终选择超声多普勒换能器中心频率$f=640$kHz,入射角为45°,振动方向沿厚度方向传播的超声波纵波。

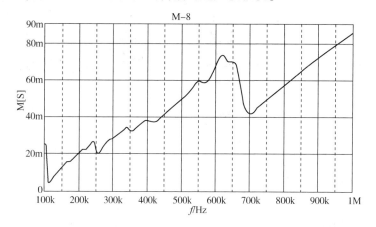

图2-27 多普勒超声传感器的阻抗特性

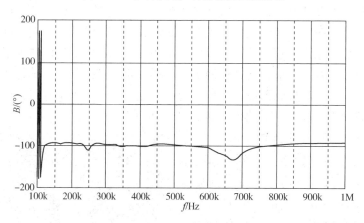

图2-28 多普勒超声传感器的相频特性

三、多普勒流量测量实验

在图2-3所示的多相流模拟试验系统中进行多普勒多相流测量实验。实验中,搅拌罐放入油水混合流体,通过调节变频器调节油水两相流速和流量,实现多相流量测量模拟实验。当螺杆泵频率调整至 25Hz 时，图 2-29 为 DSP 软件中得到的频谱图，图 2-30 为多普勒流量测量系统测得的流速和流量。在图 2-29 中，最高的谱峰为中频信号，其右侧的谱峰为多普勒频移。由图 2-29、图 2-30 可以准确检测出多普勒频移，由此可测量多相流速及流量。改变变频器的转速，可进行不同流量下的多普勒流量测量实验，测量结果图基本类似。

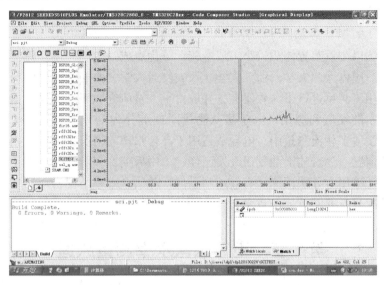

图 2-29 变频器为 25Hz 时，DSP 软件中得到的频谱图

图 2-30 25Hz 时显示的流量和流速信息

第3章　低产井含水率测量技术

电学法以测量装置体积较小、成本较低等优点成为生产井多相流测量的常用方法之一。国内天津大学、浙江大学、西安交通大学、西安石油大学等高校均对电学法多相流测量进行了深入研究，并取得了大量研究成果，推动了电学法多相流测量技术的发展和应用。电学法从测量原理上分为电导法和电容法。研究发现，在电学法多相流测量中，电导法适用于高含水率的情况，电容法则适用于低含水率的情况。随着陆上油气田开发已经进入中后期，多数油气井属于高含水低产井，因此采用电导法快速、有效地测量低产井的含水率情况，对于掌握油气井的生产状况具有非常重要的意义。

第1节　电导法含水率测量原理

电导法含水率传感器测量原理示意图如图3-1所示。该传感器由两对电极构成，其中外侧电极E1和E2为激励电极，内侧电极H1和H2为测量电极。通常在激励电极E1和E2上加电流激励，激励电流通过激励电极被施加到被测流体区域，建立敏感电流场，从而通过测试测量电极对H1和H2上的电压差获取敏感场内的流体分布信息。在油、气、水三相流中，当水为连续相时，离散的气泡、油泡空间分布的随机变化将导致三相流电导率的变化。当该三相流体从电导法传感器内流过时，必然引起测量电极之间电压差(测量电压)的变化。

在图3-1中，给传感器的激励电极上连接了一个接地的电阻，其作用是在传感器工作时便于同步测量流过测量管段的流体的电流或者参考电压，这样就能得知被测流体的阻抗变化情况。由于电极测量管段外壁采用了绝缘材料，可以忽略激励电极边缘效应造成的管道之外的电场损耗。

设参考电阻为R，参考电阻两端的电压为U_r，测量电极之间的电压为U_h，则在给传感器的激励电极施加恒压激励时，流过参考电阻和流体构成的回路的电流可以表示为：

$$I = \frac{U_r}{R} \tag{3-1}$$

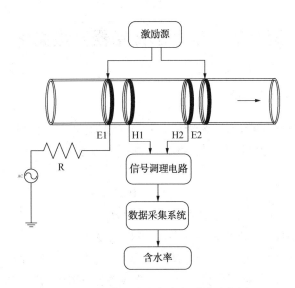

图 3-1　环形电导法含水率测量示意图

测量电极之间流体的等效电阻可表示为：

$$R_h = \frac{U_h}{I} = \frac{U_h}{\frac{U_r}{R}} = \frac{U_h}{U_r}R \tag{3-2}$$

如果给传感器的激励电极施加电流大小为 I 的恒流激励时，参考电阻两端的电压可以表示为：

$$U_r = I \cdot R \tag{3-3}$$

测量电极之间流体的等效电阻可表示为：

$$R_h = \frac{U_h}{I} = \frac{U_h}{\frac{U_r}{R}} = \frac{U_h}{U_r}R \tag{3-4}$$

则两个测量电极之间的被测流体的等效电导率可以表示为：

$$\sigma_m = c \frac{U_r}{U_h R} \tag{3-5}$$

式(3-5)中的 c 为系数，与电极的结构参数和电极的边缘效应有关，对于具有固定结构的纵向阵列传感器则为常数，一般需要通过实验获取和校正。

式(3-5)可测量混合流体的等效电导率。在此基础上，通过建立电导率和含水率之间的关系(含水率理论模型内容见本章第3节)，可测量出两相流或者三相流中的含水率。

第2节 电导法传感器参数优化

一、理论模型及仿真

电导法传感器内部的敏感场是基于电势场理论的。若传感器的几何尺寸远小于激励信号的波长，则可近似认为传感器内部的敏感场是不变的，其电势 u 满足 Laplace 方程：

$$\nabla u = 0 \tag{3-6}$$

假设在图 3-1 中，电导法传感器总长为 H，激励电极对 E1 和 E2 的间距为 Z_e，测量电极对 H1 和 H2 的间距为 R_e，电极高度为 H_e。

电场无法穿透绝缘的油泡、气泡，从而导致电场发生变形，则电导法传感器的模型就不再是严格的轴对称模型，因此需要建立三维模型。此时需要两个坐标系：一是以电导法传感器中心为原点建立的三维柱坐标 (r, φ, z)，二是以球形油泡(或气泡)的球心为原点建立的三维球坐标系 (r', φ', z')。设激励电极电压为 U_0，则传感器内部电势 u 的 Laplace 方程及相应的边界条件描述如下：

$$\begin{cases} \nabla^2 u = \dfrac{1}{r}\dfrac{\partial}{\partial r}\left[r\dfrac{\partial u}{\partial r}\right] + \dfrac{1}{r^2}\dfrac{\partial^2 u}{\partial \varphi^2} + \dfrac{\partial^2 u}{\partial z^2} = 0 \\ \left.\dfrac{\partial u}{\partial z}\right|_{z=\pm\frac{H}{2}} = 0 \\ \left.\dfrac{\partial u}{\partial r'}\right|_{r'=R'} = 0 \\ \left.\dfrac{\partial u}{\partial r}\right|_{r=\frac{D}{2}} = 0, \quad \dfrac{Z_e}{2}+\dfrac{H_e}{2} \leq z \leq \dfrac{H}{2}, \quad -\dfrac{Z_e}{2}+\dfrac{H_e}{2} \leq z \leq \dfrac{Z_e}{2}-\dfrac{H_e}{2}, \quad -\dfrac{H}{2} \leq z \leq -\dfrac{Z_e}{2}-\dfrac{H_e}{2} \\ u|_{r=\frac{D}{2}} = 0, \quad \dfrac{Z_e}{2}-\dfrac{H_e}{2} \leq z \leq \dfrac{Z_e}{2}+\dfrac{H_e}{2} \\ u|_{r=\frac{D}{2}} = 0, \quad -\dfrac{Z_e}{2}-\dfrac{H_e}{2} \leq z \leq -\dfrac{Z_e}{2}+\dfrac{H_e}{2} \end{cases} \tag{3-7}$$

在油、气、水三相流中，由于油泡、气泡分布的随机性使得传感器内部的电势 $u(r, \varphi, z)$ 的分布不均匀，因此式(3-7)没有解析解，必须进行数值求解。对电导法传感器进行有限元网格剖分，如图 3-2 所示。由有限元软件计算出每个网格的节点电势 u，以此画出电导传感器整个敏感场域内的电势分布，如图 3-3 所示。由图 3-3 可知，电导传感器敏感场内的大部分区域电势均匀变化，仅在激励电极附近区域电势分布不均匀。

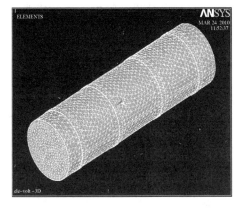

图 3-2 有限元网格剖分图

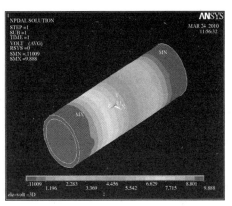

图 3-3 电势分布图

电导法传感器内部的电流密度矢量图如图 3-4 所示，电场分布云图如图 3-5 所示。由图 3-4 可知，电导法传感器内部的敏感场内电流方向由 Z 轴正半轴到负半轴，电流仅在管道内部流动，管壁及外部的电流基本为 0。敏感场内的大部分区域从管道中心到管壁的电流密度分布基本相同，比较均匀，仅在电极表面出现较强电流密度。由图 3-5 可知，电导法传感器内部的电场强度在电极之间区域分布比较均匀，而在电极表面区域分布不均匀，有明显的强弱变化。由以上的仿真可知，电导法传感器的电场可覆盖激励电极对之间的整个管道内部区域，且大部分区域电场分布相对均匀，而激励电极对之外基本无电场。因此采用电导法传感器能够捕获流过激励电极对之间敏感区域多相流体的分布信息。

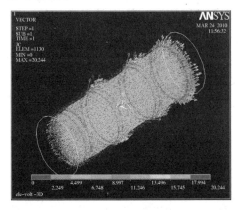

图 3-4 电流密度矢量图

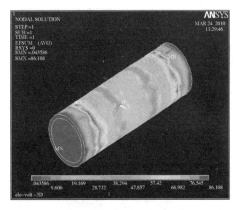

图 3-5 电场分布云图

二、传感器的参数优化

在测量油、气、水多相流中,为了减少流型对测量结果的影响,通常需要对电导法传感器的参数进行优化。电导法传感器的结构参数主要包括电极高度 H_e、激励电极间距 Z_e、测量电极间距 R_e 等。

1. 电极高度优化

图 3-6 ~ 图 3-9 分别为电极高度 $H_e = 2mm$、$H_e = 3mm$、$H_e = 5mm$、$H_e = 6mm$ 的二维电场分布云图。从图中可以看出,随着电极高度增加,激励电极内部敏感场内的电场分布均匀性增加,电场分布均匀的区域也同时增大。此外,随着电极高度的增加,云图中电场强度的颜色也在逐渐变亮,说明随着电极高度的增加,传感器敏感场内的均匀电场强度也逐渐增大。

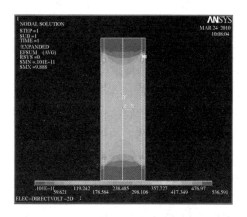

图 3-6　$H_e = 2mm$ 电场分布云图

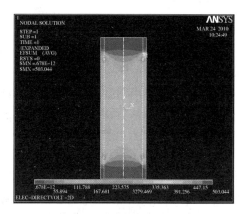

图 3-7　$H_e = 3mm$ 电场分布云图

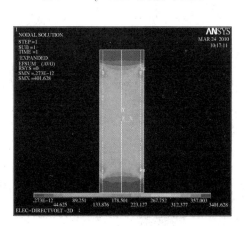

图 3-8　$H_e = 5mm$ 电场分布云图

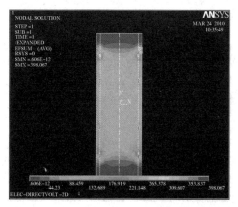

图 3-9　$H_e = 6mm$ 电场分布云图

2. 激励电极间距

图 3-10～图 3-13 为激励电极间距 $Z_e = 140\text{mm}$、$Z_e = 160\text{mm}$、$Z_e = 180\text{mm}$、$Z_e = 200\text{mm}$ 的二维电场分布云图。由图可知，随着激励电极间距的增加，传感器内部敏感场内电场分布均匀的区域增大，而电场强度略有减小。

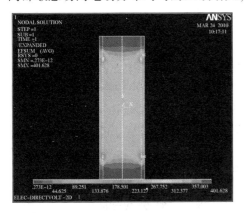

图 3-10　$Z_e = 140\text{mm}$ 电场分布云图

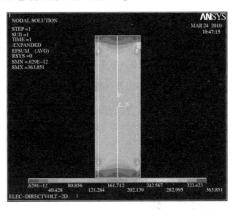

图 3-11　$Z_e = 160\text{mm}$ 电场分布云图

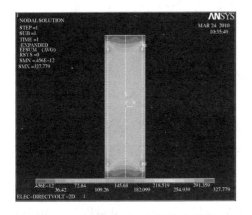

图 3-12　$Z_e = 180\text{mm}$ 电场分布云图

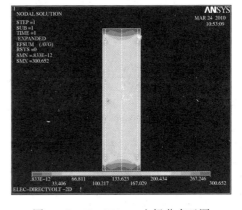

图 3-13　$Z_e = 200\text{mm}$ 电场分布云图

3. 测量电极间距优化

研究表明，测量电极位于激励电极之间的均匀场中，可减少流型的影响。由图 3-6～图 3-13 的电导法传感器二维仿真可以设计测量电极位于激励电极之间的均匀场内。然而除了考虑电场均匀性的影响之外，由于测量电极间距是影响电导法传感器的灵敏度分布的主要因素，因此还应考虑电导法传感器的灵敏度分布特性。

Lucas 关于电导法传感器灵敏度的定义为：首先假设管内全水时电导法传感

器的测量电压为 U_0，在敏感场内放入一个不导电的小球后，电导法传感器的测量电压 U_0 仅与该球的位置坐标 r、z 有关，此时测量电压的绝对变化量 ΔU 和电导传感器空间灵敏度 Ψ 可表示为：

$$\Delta U(r, z) = U_c(r, z) - U_0 \quad (3-8)$$

$$\Psi(r, z) = \frac{\Delta U(r, z)}{\Delta U_{\max}} \quad (3-9)$$

式中，$\Delta U_{\max}$ 为传感器测量电压变化量 $\Delta U(r, z)$ 的最大值。

由于电导法传感器灵敏度轴向分布特性对传感器的参数优化非常重要，因此仅考虑测量电极间距对电导法传感器灵敏度轴向分布特性的影响。图 3-14 为激励电极间距 $Z_e = 180\text{mm}$，测量电极间距 R_e 分别等于 130mm、100mm、80mm、60mm 时，油泡位于 $r = 0$ 处，沿 Z 轴的灵敏度分布规律曲线。由图可知，随着测量电极间距 R_e 的增大，电导法传感器内部区域的高灵敏度区间增大，且在轴向中心附近较大区域内的灵敏度分布也较均匀。

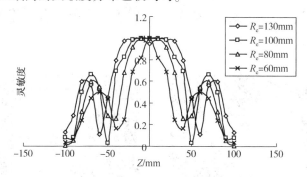

图 3-14 电导法传感器沿 Z 轴的灵敏度分布规律曲线

综合各项因素，结合实际油管尺寸，选取恰当测量管道高度 H、激励电极间距 Z_e、测量电极间距 R_e 及电极高度 H_e，将对整个电极系测量系统的测量起着至关重要的作用。由图 3-14 可知，随着测量电极间距 R_e 的增大，电导法传感器内部区域的高灵敏度区间增大，且在轴向中心附近较大区域内的灵敏度分布也较均匀。综合各项因素，结合 2in 油管，选取电导法传感器优化参数：激励电极间距 $Z_e = 180\text{mm}$，测量电极间距 $R_e = 100\text{mm}$，电极高度 $H_e = 5\text{mm}$。

三、模拟实验及仿真结果比较

1. 电导法传感器模拟实验

电导法传感器测试实验设备如图 3-15 所示，包括电导法传感器、信号源、数据采集单元。室内模拟实验中，在盛满清水的电导法传感器管内放入绝缘小球模拟水中的油泡、气泡。当绝缘小球在电导法传感器管道内移动时，采用数据采集单元实时记录测量电压的变化情况。当沙球、绝缘小球自上而下经过激励电极、测量电极到达垂直测量管道的底部时，测量电压的变化情况如图 3-16 所示。由图 3-16 可以看出，当绝缘小球位于激励电极 E1 和测量电极 H1 之间时，测量电压小于全水时的测量电压，且灵敏度较低，出现峰谷；当绝缘小球位于测量电极 H1、H2 之间时，测量电压逐渐变大，灵敏度变高，最终趋于稳定；当绝缘小球位于测量电极 H2 和激励电极 E2 之间时，测量电压逐渐变小，灵敏度降低，出现第二峰谷。

图 3-15 实验设备

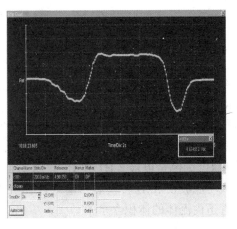

图 3-16 测量电压的实验曲线

2. 电导法传感器仿真

为了模拟水中气泡、油泡的位置变化对测量电压的影响，在电导传感器的模型中放入半径为 1mm 的球形油泡(气泡)，使用有限元软件计算当球形油泡(气泡)位于电导法传感器的中心位置沿 z 轴运动，测量电压的变化情况。测量电压与油泡位置的关系曲线如图 3-17 所示。

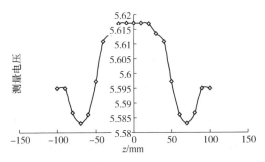

图 3-17 $z_e=180$、$R_e=100$ 测量电压与油泡位置的关系曲线

比较图 3-16 和图 3-17 可以看出，在球形油泡沿 z 轴的运动过程中，实验结

果和仿真结果的规律完全相同,从而由仿真结果验证了实验测试结果的正确性。

本节主要采用有限元软件进行电场仿真与优化设计,构建了电导法传感器的二维和三维模型;依据敏感场分布均匀性、测量电压灵敏度等指标对电导法传感器进行了优化设计,构建出了适用于多相流的电导法含水率传感器;采用优化后的电导法含水率传感器进行了油气水室内模拟实验,实验结果与仿真结果基本一致,从而验证了电导法传感器参数设计的可行性。

第3节 电导法含水率计算模型

含水率的准确测量不仅与采用的测量方法有关,还与理论计算模型有很大关系。目前还没有文献对环形电导法传感器含水率计算模型进行深入研究。本节针对电导法建立了一种含水率理论模型,并将此模型与经典的 Maxwell 计算模型进行了仿真和实验对比。环形电导法含水率测量系统示意图如图 3-1 所示。外侧电极 E1 和 E2 为激励电极,由外部激励信号产生电路施加激励信号。内侧电极 H1 和 H2 为测量电极,H1 和 H2 电极对上的测量信号通过信号处理电路对其进行放大、滤波及 A/D 转换后,输入计算机进行处理,由计算机根据计算模型计算出管道内流体的体积含水率。

一、并联电阻-电容网络计算模型

在环形电导法含水率测量系统中,通过测试测量电极对 H1 和 H2 上的电压信号,可获取敏感场内的流体分布信息,因此含水率主要受测量电极对 H1 和 H2 之间的阻抗影响。在油水两相流中,分层流的等效电路模型如图 3-18 所示。考虑油、水的电导和电容特性,测量电极对 H1 和 H2 之间的阻抗可表示为介质油、水的电导 G_{om}、G_{wm} 以及介质油、水的电容 C_{om}、C_{wm} 组成的并联电阻-电容网络。

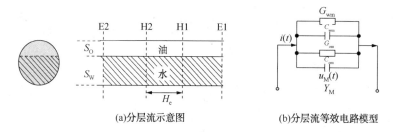

(a)分层流示意图 (b)分层流等效电路模型

图 3-18 油水两相流分层流等效电路模型

假设激励信号为电流源 $i(t)$,测量电极对 H1 和 H2 之间的阻抗为 Y_M,测量电压为 $U_M(t)$。对于分层流,则有:

$$Y_M = G_{wm} + j\omega C_{wm} + G_{om} + j\omega C_{om}$$
$$= \sigma_w \frac{S_w}{H_e} + j\omega \frac{\varepsilon_w S_w}{H_e} + \sigma_o \frac{S_o}{H_e} + j\omega \frac{\varepsilon_o S_o}{H_e} \tag{3-10}$$

令 $k = S/H_e$，则：

$$Y_M = k\sigma_o + k\alpha_w \cdot (\sigma_w - \sigma_o) + j\omega k[\varepsilon_o(1-\alpha_w) + \varepsilon_w \alpha_w] \tag{3-11}$$

若施加激励为直流电源，设其电流为 I，测试电极两端的电压为 U_M，则管道内的体积含水率为：

$$\alpha_w = \frac{I}{U_M k \sigma_w} \tag{3-12}$$

式(3-10)~式(3-12)中，S 为管道内横截面积；S_o、S_w 分别为油、水的横截面积；σ_o、ε_o、σ_w、ε_w 分别为油和水的电导率、介电常数；α_w 为油、水两相流中水的体积含率；H_e 为测量电极对 H1 和 H2 之间的距离。

二、Maxwell 含水率计算模型

在油水两相流中，当水为连续相时，离散的油泡空间分布的随机变化将导致两相流电导率的变化。当三相流体从电导法传感器内流过时，必然引起测量电极之间电压差的变化。

设流过电导法传感器的两相混合流体的电导率为 σ_m，在激励电流一定的条件下，测量电压与流体的电导率成反比，则有：

$$\frac{U_M(\alpha_w = 1)}{U_M(\alpha_w = \alpha)} = \frac{\sigma_m}{\sigma_w} \tag{3-13}$$

根据 Maxwell 电阻率近似理论，油水两相流的等效电导率与全水时电导率之比为：

$$\frac{\sigma_m}{\sigma_w} = \frac{2\alpha_w}{3 - \alpha_w} \tag{3-14}$$

式(3-13)、式(3-14)中，σ_w 为全水时的电导率；α_w 为体积含水率。

由式(3-13)和式(3-14)可得，油水两相流中含水率为：

$$\alpha_w = \frac{3U_M(\alpha_w = 1)}{2U_M(\alpha_w = \alpha) + U_M(\alpha_w = 1)} \tag{3-15}$$

设归一化的电压为 U^*，则：

$$U^* = \frac{U_M(\alpha_w = \alpha)}{U_M(\alpha_w = 1)} \tag{3-16}$$

将式(3-16)代入式(3-15)可得：

$$\alpha_w = \frac{3}{2U^* + 1} \tag{3-17}$$

三、两种计算模型仿真结果比较

为了对比建立的并联电阻-电容网络含水率计算模型和 Maxwell 含水率计算模型，对上述两种含水率计算模型进行了不同流型下油水两相流的有限元仿真实验验证。仿真实验中，采用的油、水性能参数如表 3-1 所示。

表 3-1 油、水性能参数

介质	密度/(kg/m³)	相对介电常数	电导率/(S/m)
油	882	2.2	10^{-6}
水	1000	60	5

在油水两相流中，在分层流、环状流、泡状流三种流型下，两种计算模型计算的含水率与实际含水率的对比曲线如图 3-19 所示。从图 3-19(a) 中可以看出，油水环状流中，含水率位于 20%~95% 范围内，应用并联电阻-电容模型含水率的曲线更接近实际值，而采用 Maxwell 模型计算的含水率偏大。仅在含水率 95%~100% 及 10%~20% 范围内，应用并联电阻-电容模型和 Maxwell 模型计算的含水率基本相同。

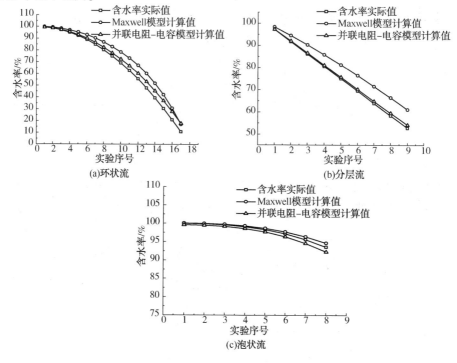

图 3-19 三种流型下两种计算模型仿真结果对比

从图3-19(b)中可以看出，分层流型下，含水率位于50%~98%范围，应用并联电阻-电容模型含水率的曲线更接近实际值，而采用Maxwell模型计算的含水率偏大。从图3-19(c)中可以看出，油水泡状流中，含水率位于94%~100%范围，应用并联电阻-电容模型计算的含水率略小于实际值，而采用Maxwell模型计算的含水率略大于实际值。泡状流中应用并联电阻-电容模型和Maxwell模型计算的含水率与实际值的误差基本相同。

由以上仿真对比曲线可知，采用并联电阻-电容网络含水率计算模型在环状流、分层流、泡状流3种流型下的误差都较小，而采用Maxwell计算模型仅在泡状流下的误差较小，在环状流、分层流下的误差较大。

四、两种模型实验结果分析

为了验证两种含水率计算模型的仿真结果，在室内多相流模拟系统(如图2-3所示)中进行了油水两相流的含水率测试实验。实验中使用的介质分别为工业白油、自来水。在上述实验条件下，分别进行了泡状流、环状流、分层流等流型下的含水率测试实验，实验结果如图3-20所示。

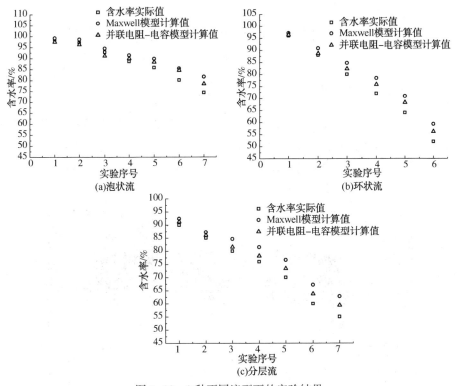

图3-20 3种不同流型下的实验结果

从图 3-20 中可以看出，在油水泡状流中，含水率在 80%～100%范围内，应用并联电阻-电容模型测试的含水率数据与采用 Maxwell 模型的测试误差基本相同。在环状流和分层流中，随着含水率的减小，Maxwell 模型的测试误差逐渐增大。而应用并联电阻-电容模型测试的含水率误差明显小于采用 Maxwell 模型的测试误差，测试精度更高。对比图 3-19 的数值模拟结果和图 3-20 的实验测量结果可以看出，应用两种不同的含水率计算模型，在不同流型下，含水率测试结果的趋势基本一致。

本节针对环形电导法传感器提出了并联电阻-电容网络含水率计算模型，并在环状流、分层流、泡状流等流型下与 Maxwell 含水率模型进行了仿真和实验对比。结果表明，提出的并联电阻-电容网络含水率计算模型在泡状流下与 Maxwell 含水率计算模型的误差基本相同，在环状流、分层流下，并联电阻-电容网络含水率计算模型的误差均小于 Maxwell 含水率计算模型的误差，具有更高的测试精度。而 Maxwell 含水率计算模型仅在泡状流下的误差较小，在分层流、环状流下的误差都偏大。因此并联电阻-电容网络含水率计算模型适用的流型范围更广。

第 4 节　低产井电导法含水率测量系统

一、电导法传感器

电导法传感器是由平滑镶嵌在管径为 62mm（与 2in 油管内径相同）的玻璃钢内壁上的 4 个材质为镀银的铜圆环精制而成，传感器参数仿真及优化见本章第 2 节。电导传感器实物图如图 3-21 所示，包含两对电极，分别为激励电极 E1 和 E2，含水率测量电极 H1 和 H2。

图 3-21　电导法传感器

二、基于 DDS 的恒流激励源

在多相流测量中,为了有效地控制流过传感器的油水混合物的电离效应,减少极化的影响,通常激励信号采用正弦交流信号。本系统选用 DDS 芯片 AD9830 产生所需频率和幅值的正弦信号,然后经由 VCCS(压控恒流源)模块产生正弦波恒流激励源信号。下面分别进行介绍。

1. 采用 DDS 产生正弦波

DDS 芯片 AD9830 是 ADI 公司生产的 CMOS 数字频率合成芯片,它的内部集成了一个 32 位的相位累加器、正弦和余弦函数表,还有一个 10 位的 D/A,它可以在单片机的控制下产生 0~50MHz 的频率、相位可调的正弦波信号。AD9830 的功能结构框图如图 3-22 所示。

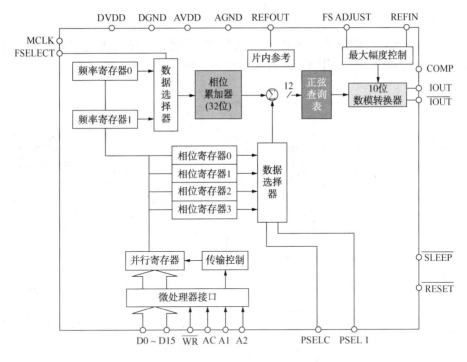

图 3-22 AD9830 功能结构框图

2. VCCS 模块

VCCS 采用三运放转换电路,其电路原理图如图 3-23 所示。

如果图 3-23 中的运放都在理想状态下工作,那么输出的电流大小可以表示为:

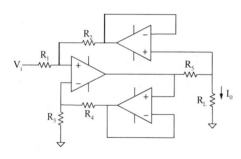

$$I_0 = \frac{\frac{R_2}{R_1+R_2}V_i}{\frac{R_3}{R_3+R_4}R_5+(\frac{R_3}{R_3+R_4}-\frac{R_1}{R_1+R_2})R_L}$$

(3-18)

图 3-23 VCCS 电路原理图

当 $R_1 \cdot R_4 = R_2 \cdot R_3$ 时，即，若有：

$$\frac{R_1}{R_1+R_2} = \frac{R_3}{R_3+R_4} \quad (3-19)$$

则有：

$$I_o = \frac{R_2}{R_1 R_5}V_i \quad (3-20)$$

输出的电流 I_o 由输入的电压 V_i 和电阻 R_5 决定，其精度由电阻 R_1、R_2、R_3 和 R_4 的匹配程度决定。用 Multisim 进行仿真，电路图如图 3-24 所示。

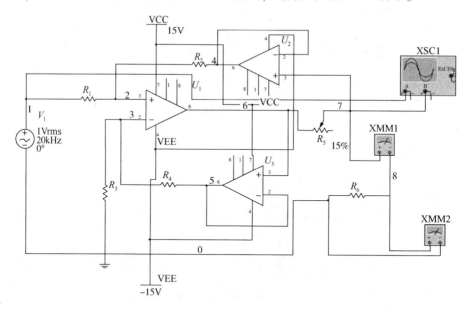

图 3-24 VCCS 电路仿真图

选择一组合适的输入电阻值，VCCS 模块就能产生所需要的电流，在改变负载电阻 R_6 大小的时候，流过负载的电流恒定，仿真结果验证了恒流源输出电流在负载改变时的稳定性。具体仿真结果如图 3-25 所示。

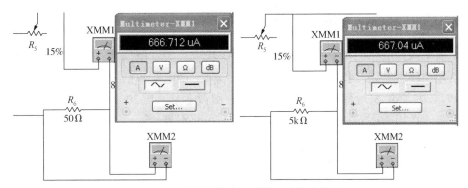

图 3-25 改变负载电阻时的电路仿真结果

综合以上仿真分析,选用元器件完成的电路实物如图 3-26 所示。用直流电源给激励源电路供电,然后用示波器测量电路板输出的波形,如图 3-27 所示。测量信号为 20kHz 的正弦波激励源信号,实验结果满足设计要求。

图 3-26 激励源电路板实物

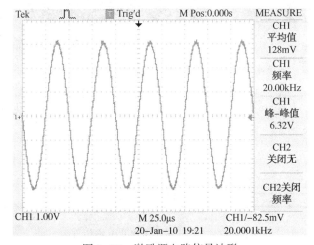

图 3-27 激励源电路信号波形

三、信号调理电路

信号调理电路的主要作用是抑制杂波干扰，放大有用信号。信号调理模块主要由差动放大电路、程控增益放大电路、信号解调电路和低通滤波电路构成。采用 PGA205 芯片实现程控增益放大，调制/解调芯片 AD630 实现信号的解调。以上电路连接均采用芯片手册中的经典应用，在此不再详述。下面重点介绍一下低通滤波电路。

由于测量系统中会有一定的杂波和干扰信号，所以要用低通滤波电路对杂波进行滤除。低通滤波电路要求输入阻抗高，输出阻抗低。本测量系统中，要求滤除高于 20kHz 的杂波干扰信号，用到的二阶有源低通滤波电路仿真如图 3-28 所示。由仿真结果可知，此二阶有源低通滤波电路能够实现对大于 20kHz 的杂波干扰信号进行很好的滤除，达到了电路设计的目标要求。信号调理电路实物图如图 3-29 所示。

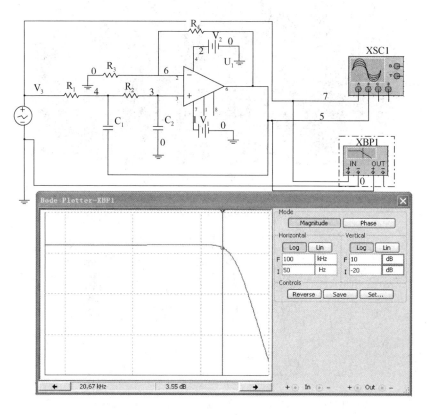

图 3-28　二阶有源低通滤波电路仿真图

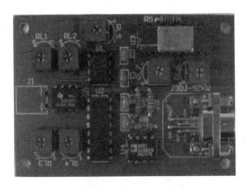

图 3-29　信号调理电路实物照片

四、数据采集系统

数据采集系统是低产井含水率测量的重要组成部分，主要完成含水率测量信号的采集、处理、存储等功能。数据采集系统分为数据采集电路和数据采集程序两部分，下面逐一介绍。

1. 数据采集电路设计

低产井含水率数据采集电路主要包括看门狗电路、日历时钟电路、串口通信电路、A/D 转换电路、单片机、Flash（外部存储器）等，如图 3-30 所示。其中，看门狗芯片采用 MAX6374，串口通信芯片采用 MAX3232。上述电路采用的是芯片手册中的经典用法，不再详述。下面重点介绍日历时钟电路、A/D 转换电路、单片机、外部存储器（Flash）等。

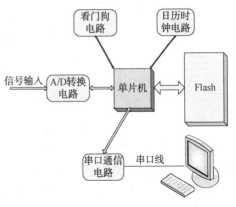

图 3-30　数据采集电路的原理框图

本系统中的单片机采用 PIC16LF877，该芯片具有片内 AD，使得外部硬件电路更加简洁。存储芯片选用的是 K9K8G08U0A 芯片，1G×8bit 的 K9K8G08U0A 是一个 8Gbit+256Mbit 的 NAND 结构 Flash，其编程操作可在 200us 内在页（2k+64 byte）上执行，而擦除操作可在 1.5ms 内在块（128k+4k byte）上执行。在数据寄存器上的数据可在 25ns 内读出一个字节。I/O 引脚可作为地址和数据输入输出以及命令输入。在线写控制器自动操作所有编程和擦除功能，包括脉冲重复、内部校验及数据余量。另外，总容量为 8192 块的 K9K8G08U0A 在整个生命周期（额定寿命为 10 万次编程/擦除周期）内的坏块数不超过 160 个。由于 K9KG08U0A 具有大容量、非易失性(数据可保存10年)、体积小等特点,因此非常适合井下数据采集系统。单片机与数据存储电路如图3-31所示。

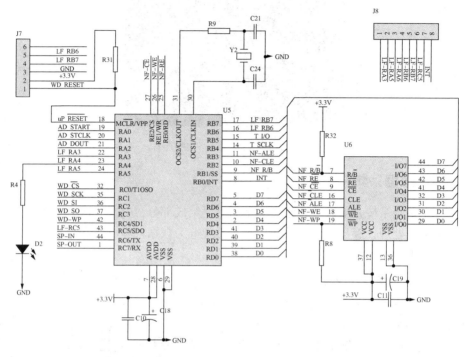

图3-31 单片机与数据存储电路

日历时钟芯片采用PHILIPS公司制造的低功耗(0.25μA)日历时钟芯片PCF8563,其内部有256字节的静态RAM,采用I^2C两线串行总线接口,内含完整的振荡、分频和上电复位电路,并具备日历、计时、定时、闹钟和中断输出功能。PCF8563的电路图如图3-32所示。图中SCL接到单片机I^2C总线的SCL引脚,作为I^2C总线的时钟线;SDA引脚接单片机的SDA引脚,作为I^2C总线的数据线。

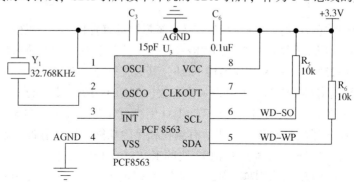

图3-32 日历时钟电路

2. 数据采集程序设计

数据采集程序主要包括主程序和各个中断子程序。主程序主要完成信号的 A/D 转换、Flash 编程、看门狗定时器的清零、时间读取等工作，中断子程序主要完成对时钟芯片的校时、Flash 数据读取和擦除工作。

1）主程序设计

图 3-33 为主程序流程图。在单片机上电后，首先执行串口初始化程序。在串口初始化程序中选择 USART 工作在异步高速模式下、数据位数为 8 位、波特率为 19200。接下来，初始化 I^2C，使其工作在主控模式，时钟为 100kHz。接着初始化 A/D，启用 PIC16LF877 片内 A/D，选择 A/D 转换时钟为系统时钟，频率为 $f_{osc}/8$，转换结果右对齐，RA 为模拟口，RE 为数字口，关 AD 中断。接着设置 RB、RE 端口方向，使之与 Flash 连接相配。接下来开全局中断使能，开外设中断，开串口接收中断，关其他中断源。下一步生成坏块列表，坏块列表生成流程图如图 3-34 所示。

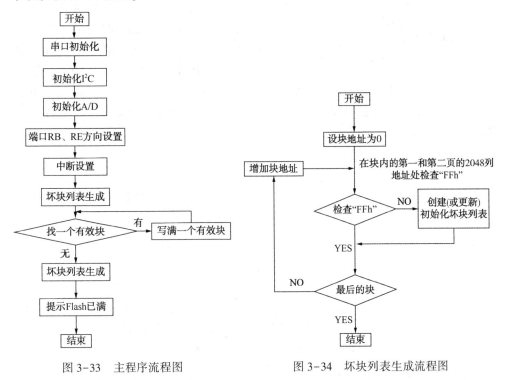

图 3-33 主程序流程图　　图 3-34 坏块列表生成流程图

由于在 Flash 制造过程中，影响其成品质量的原因很多，所以厂家只能保证每片合格的产品中坏块的数目在一定范围内。因此，在每次使用时，用户必须得到坏块列表，以免数据存不进 Flash。

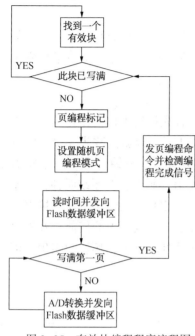

图 3-35 有效块编程程序流程图

采用三星公司生产的 K9K8G08U0A Flash 芯片进行数据存储，该芯片的每块有效块中的第一页和第二页的 2048 列地址处为"FFh"，所以我们要依据上面的流程图得到坏块列表并保存起来，供后续程序使用。接下来在没有中断到来时，单片机会按顺序找到有效块并对其进行编程，直到写满这个 Flash 再提示停机。

写满一个有效块程序流程图如图 3-35 所示：在找到一个有效块后，按顺序对 64 页进行编程。首先在每页数据的前三字节存上 3 组"AAh"；接着存入从 I^2C 总线读取得到的 PCF8563 中的当前时间（四字节）；再存入 1019 个两字节 A/D 转换结果；最后存入三字节"55h"。其中，每页的前三字节"AAh"和后三字节"55h"是用来在数据回传时判断此页中的数据是否在传输过程中出错，四字节时间数据是为了使数据和时间点对应起来。当整个数据缓冲结束后，发页编程命令，然后检测是否有编程结束信号。检测到编程结束信号后，进入下一页的编程流程，直至此块的 64 页都写完，再去找一个有效块继续编程。页编程时序图如图 3-36 所示。

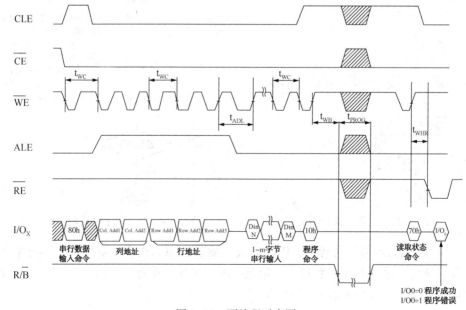

图 3-36 页编程时序图

2) 中断子程序设计

中断子程序是在计算机通过串口给单片机发不同命令，使单片机完成对当前时间的校准、Flash 中数据的回传和 Flash 的格式化，流程图如图 3-37 所示。

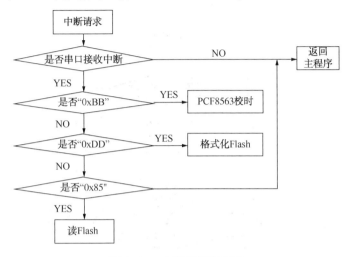

图 3-37　中断程序流程图

PCF8563 校时平台及主要操作流程如图 3-38 所示。在校时过程中，首先打开校时软件，在菜单中选择串口设置，设置完串口参数后，选择菜单中的时钟设置，打开校时界面，点击校时命令发送按钮，进行校时。完成校时，会有相应的校时成功提示。

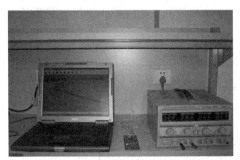
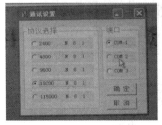

图 3-38　校时操作流程

格式化 Flash 流程图如图 3-39 所示。在接收到格式化 Flash 命令"DDh"后，单片机向 Flash 依次发命令"60h"、3 字节块地址、命令"D0h"，完成对一个块的擦除。然后对块地址逐次加 1 完成上述过程，直至格式化所有块。单次块擦除时序如图 3-40 所示。

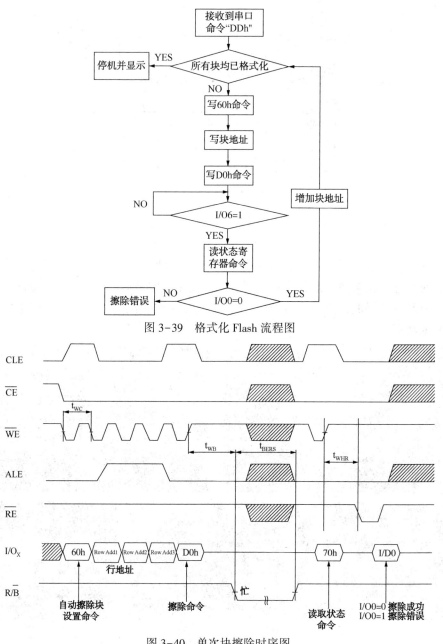

图 3-39 格式化 Flash 流程图

图 3-40 单次块擦除时序图

读 Flash 数据流程图如图 3-41 所示。当收到读数据命令"85h"后，逐块逐页查找页标记，即写过的页。找到后按照页读取时序，如图 3-42 所示，读出其中的数据，然后再接着找标记，直至找完整个 Flash。

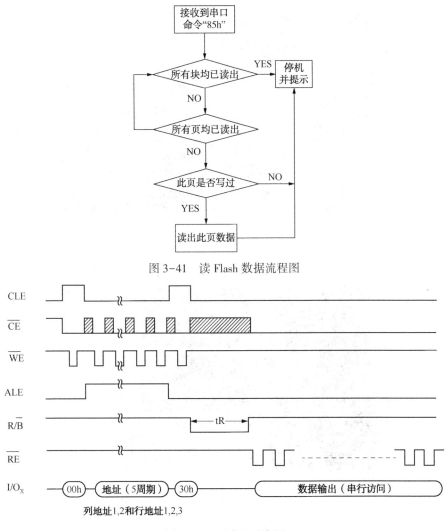

图 3-41　读 Flash 数据流程图

图 3-42　页读取时序图

第 5 节　多相流含水率室内实验

在室内多相流模拟测量系统(示意图如图 2-3 所示)中进行了低产井多相流含水率测量实验，电导法含水率测量实验如图 3-43 所示。实验中，通过改变油、气、水的比例,测量不同工况下的含水率,实验管道内为流动的油、气、水多相流。含水率测量软件界面及测试结果如图 3-44 所示。通过研制的电导法含水率测量系统可实现低产井含水率的快速、实时、在线测量。

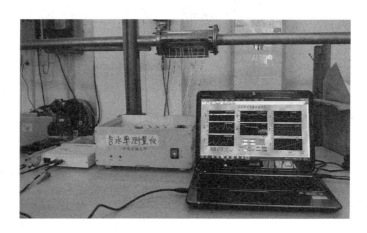

图 3-43　电导法含水率测量实验

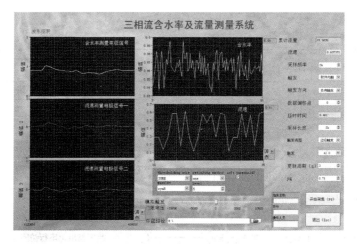

图 3-44　含水率测量软件界面及测试结果

第4章　油气井X射线多相流测量技术

X射线法采用人工激发方式替代同位素放射源实现多相流测量,很好地解决了同位素放射源存在的环境辐射和安全问题,且射线法为非接触式测量,受多相流体的黏度、流型等影响较小,成为目前发展前景最好的多相流测量方法之一。

第1节　X射线测量原理

一、X射线衰减特性

X射线是一种波长范围在 0.01~10Å、能量极大的电磁波,具有波粒二象性。X射线波长短、能量大,照在物质上时,仅一部分被物质吸收,大部分从原子间隙透过,表现出很强的穿透能力。X射线穿透能力与光子的能量有关。设光子能量为 $E=hv$,h 为常量,则光子能量仅与频率 v 有关,而 $v=c/\lambda$,即频率与波长成反比,得到光子能量 E 与射线波长 λ 的表达式:

$$E = hc/\lambda \tag{4-1}$$

式(4-1)中的 h 和 c 均为常量,因此射线能量与波长成反比,即波长越短,频率 v 和光子能量 E 越大,穿透能力越强。此外,X射线的穿透能力还与被照射物质的原子序数或物质密度有关:密度大的物质对X射线的吸收强;密度小的物质刚好相反,对X射线的吸收弱。

X射线照射到物质上,由于物质对射线的吸收作用,使得X射线经过物质后发生衰减。X射线的衰减方式主要光电效应、康普顿效应和电子对效应。下面对这三种效应分别进行介绍。

1. 光电效应

当入射光子能量大于电子结合能时,在与原子相碰撞时,光子把全部能量交给一个轨道电子,使它脱离原子轨道成为光电子,光子被吸收,这一效应称为光

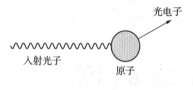

图 4-1 光电效应示意图

电效应。光电效应原理示意图如图 4-1 所示。

能量为 hv 的 X 射线通过介质发生光电效应的概率 τ 可用如下公式表示

$$\tau \propto NZ^5(hv)^{-\frac{7}{2}} \quad (4-2)$$

式中，N 表示单位体积原子数，Z 表示原子序数。

从式(4-2)中可以看出，光电效应的发生和介质原子序数密切相关，原子序数越大，发生光电效应的概率越高，射线衰减越明显。根据 X 射线的光电效应，屏蔽 X 射线时需要用高原子序数的材料。从式(4-2)中还能看出，光子的能量过大，发生光电效应的概率反而变小，射线的衰减反而不明显。通常在 2MeV 以上，发生光电效应的概率就很小了。

2. 康普顿效应

X 射线光子能量增加后，光电效应逐渐减弱，康普顿散射成为 X 射线光子能量损失的主要方式。入射光子和原子中的一个电子发生弹性碰撞，光子以散射角 θ 偏离它原来的方向，一部分能量随着碰撞传

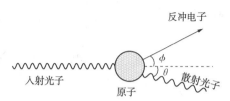

图 4-2 康普顿散射示意图

递给电子，反冲电子偏离光子原来运动方向 ϕ 角开始运动。康普顿散射情况如图 4-2 所示。当射线能量较低时，散射角 θ 大，能够达到 90°以上，射线散射角 θ 随着入射光子能量的增加而减小，散射角大于 90°的概率很小。

X 射线通过介质发生康普顿散射的概率 σ 与光子能量 hv 及介质原子序数 Z 有关，当 $hv > mc^2 (mc^2 = 0.51\text{MeV})$ 时：

$$\sigma \propto \frac{NZ}{hv}\left(\ln\frac{2hv}{mc^2} + \frac{1}{Z}\right) \quad (4-3)$$

由式(4-3)康普顿散射发生在束缚能较低的电子与光子之间，X 射线光子能量减弱时，康普顿散射效应上升；介质原子序数及密度大时，康普顿散射增加。

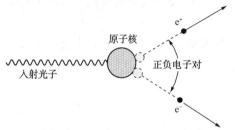

图 4-3 电子对效应示意图

3. 电子对效应

当 X 射线光子从原子核旁经过，在原子核库伦力的作用下，光子转化为正负电子对，图 4-3 为电子对效应示意图。根据能量守恒，形成电子对效应的光子能量要大于所形成的电子对的静止能量（1.02MeV）。

X射线光子发生电子对效应的概率 k 的表达式为：

$$k \propto NZ^2(hv-2mc^2) \quad (4-4)$$

由式(4-4)可以看出，产生电子对效应的概率与入射射线能量及原子序数有关。光子能量大，透射介质的原子序数大，产生电子对效应的概率也大。

3 种效应的产生与 X 射线光子的能量、介质的原子序数有关；3 种效应对同一能量的 X 射线衰减的贡献也不一样，且都与物质原子序数 Z 和入射光子的能量有关。图 4-4 为 3 种效应与光子能量、物质原子序数的关系，图中直观地显示出原子序数和光子能量构成的 3 种效应主要作用区域。

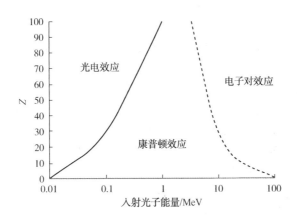

图 4-4 3 种效应与能量和原子序数的关系

二、X 射线衰减规律

X 射线入射到物质上后，由于与物质作用的 3 种效应，光子不断被吸收，射线的辐射强度减弱。在 X 射线与物质作用的过程中，X 射线的能量和物质的原子序数决定了哪种效应在衰减过程中起主要作用。对于窄束、单色的 X 射线，被衰减后的射线强度 I 可表示为：

$$I = I_0 \exp\{-\mu \cdot d\} \quad (4-5)$$

式中，I_0、I 为被物质衰减前后的射线强度；d 为物质的厚度；μ 为物质对 X 射线的线性衰减系数；线性衰减系数 μ 为单位厚度的物质对射线的衰减程度的参数。射线的衰减是光电效应、康普顿效应及电子对效应的综合结果，可表示如下：

$$\mu = \tau + \sigma + k \quad (4-6)$$

式中，τ、σ、k 分别为光电效应、康普顿效应及电子对效应的衰减系数。

线性衰减系数 μ 的大小既与射线的能量有关，也与射线所穿过物质的原子序数有关。对同一种物质,射线的能量不同时,线性衰减系数不同;相应地,同一能量的射线穿过不同物质时,线性衰减系数也不同。

单色 X 射线穿过混合物时,射线强度 I 可表示为:

$$I = I_0 \exp\left\{-\sum_i \mu_i \cdot d_i\right\} \tag{4-7}$$

式中,μ_i 为混合物中各组成物质的线性衰减系数;d_i 为混合物中物质的等效厚度。

根据式(4-7)可以得到 X 射线在混合介质中的衰减情况,为 X 射线多相流测量提供了理论支撑。

第2节 X射线多相流理论计算模型

X 射线穿过物质的衰减程度与射线初始强度和物质本身有关,当射线一定时,就只与物质本身有关。X 射线这一原理被广泛应用于工业检测、医学成像等领域,在石油工业中,可以利用这一原理测量油气井多相流的相含率。

射线能量一定时,射线衰减程度只与物质对该射线的线性衰减系数和物质厚度有关。假设 X 射线穿过油、气、水多相流模型如图 4-5(a)所示,混合物总厚度为 d,将混合的油、气、水等效成三相分层的情形,模型如图 4-5(b)所示。

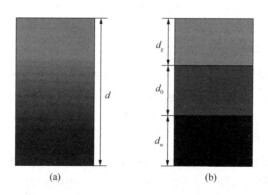

图 4-5 油、气、水混合物等效模型

根据 X 射线衰减规律,则有

$$I = I_0 e^{-(\mu_o d_o + \mu_g d_g + \mu_w d_w)} \tag{4-8}$$

式中,I 为射线穿过油、气、水混合物后的强度;I_0 为射线初始强度;μ_o、μ_g、μ_w 分别为油、气、水对射线的线性衰减系数;d_o、d_g、d_w 分别为油、气、水的等效厚度。

两边取对数，化简：

$$\mu_o d_o + \mu_g d_g + \mu_w d_w = \ln\left(\frac{I_0}{I}\right) \tag{4-9}$$

设油、气、水分相含率分别为 k_o、k_g、k_w，则有：

$$d_o = k_o \cdot d \quad d_g = k_g \cdot d \quad d_w = k_w \cdot d \tag{4-10}$$

将式(4-10)代入式(4-9)中，则有：

$$\mu_o k_o d + \mu_g k_g d + \mu_w k_w d = \ln\left(\frac{I_0}{I}\right) \tag{4-11}$$

假设初始强度为 I_0 的射线分别穿过厚度为 d 的油、气、水单相物质，穿过后射线强度分别为 I^o、I^g、I^w，则有：

$$I^o = I_0 e^{-\mu_o d} \quad I^g = I_0 e^{-\mu_g d} \quad I^w = I_0 e^{-\mu_w d} \tag{4-12}$$

变形后，得

$$\mu_o d = \ln\left(\frac{I_0}{I^o}\right) \quad \mu_g d = \ln\left(\frac{I_0}{I^g}\right) \quad \mu_w d = \ln\left(\frac{I_0}{I^w}\right) \tag{4-13}$$

将式(4-13)代入式(4-11)中

$$k_o \cdot \ln\left(\frac{I_0}{I^o}\right) + k_g \cdot \ln\left(\frac{I_0}{I^g}\right) + k_w \cdot \ln\left(\frac{I_0}{I^w}\right) = \ln\left(\frac{I_0}{I}\right) \tag{4-14}$$

式(4-14)中有三个要测的未知数 k_o、k_g、k_w，再加上 $k_o + k_g + k_w = 1$，还差一个方程。采用高、低双能级 X 射线，则有：

$$\begin{bmatrix} \ln\left(\frac{I_{0H}}{I_H^o}\right) & \ln\left(\frac{I_{0H}}{I_H^g}\right) & \ln\left(\frac{I_{0H}}{I_H^w}\right) \\ \ln\left(\frac{I_{0L}}{I_L^o}\right) & \ln\left(\frac{I_{0L}}{I_L^g}\right) & \ln\left(\frac{I_{0L}}{I_L^w}\right) \\ 1 & 1 & 1 \end{bmatrix} \begin{bmatrix} k_o \\ k_g \\ k_w \end{bmatrix} = \begin{bmatrix} \ln\left(\frac{I_{0H}}{I_H}\right) \\ \ln\left(\frac{I_{0L}}{I_L}\right) \\ 1 \end{bmatrix} \tag{4-15}$$

解此方程组，得出油气水三相分相含率为：

$$k_o = \frac{\ln(I_H/I_H^w)\ln(I_L^g/I_L^w) - \ln(I_L/I_L^w)\ln(I_H^g/I_H^w)}{\ln(I_H^o/I_H^w)\ln(I_L^g/I_L^w) - \ln(I_L^o/I_L^w)\ln(I_H^g/I_H^w)} \tag{4-16}$$

$$k_g = \frac{\ln(I_H^o/I_H^w)\ln(I_L/I_L^w) - \ln(I_L^o/I_L^w)\ln(I_H/I_H^w)}{\ln(I_H^o/I_H^w)\ln(I_L^g/I_L^w) - \ln(I_L^o/I_L^w)\ln(I_H^g/I_H^w)} \tag{4-17}$$

$$k_w = 1 + \frac{\ln(I_H/I_H^w)[\ln(I_L^o/I_L^w) - \ln(I_L^g/I_L^w)] + \ln(I_L/I_L^w)[\ln(I_H^g/I_H^w) - \ln(I_H^o/I_H^w)]}{\ln(I_H^o/I_H^w)\ln(I_L^g/I_L^w) - \ln(I_L^o/I_L^w)\ln(I_H^g/I_H^w)}$$

$$\tag{4-18}$$

式中，I_H、I_L 分别为高、低能级射线经过油、气、水混合介质衰减后的强度；

I_H^o、I_L^o 分别为高、低能级射线经过纯油介质衰减后的强度；I_H^g、I_L^g 分别为高、低能级射线经过纯气介质衰减后的强度；I_H^w、I_L^w 分别为高、低能级射线经过纯水介质衰减后的强度。

由上面的计算公式可知，采用高、低能双能级 X 射线透射油气水混合物以及纯油、纯气、纯水介质，分别测量经过多相流透射后的高、低能级射线强度 I_H、I_L，以及经过纯油、纯气、纯水介质透射后的射线强度 I_H^o、I_L^o、I_H^g、I_L^g、I_H^w、I_L^w，即可计算出油气水多相流的分相含率。

第 3 节　X 射线多相流理论仿真

为了验证 X 射线多相流相含率测量的可行性，根据管道被测对象特点及物理模型，建立 X 射线测量管道内油气水多相流系统三维物理模型，对不同油气水相含率下的系统进行仿真模拟。由于 X 射线传输过程是随机的，采用基于蒙特卡罗方法的 MCNP5 仿真软件对系统进行仿真。

一、蒙特卡罗程序 MCNP5 简介

蒙特卡罗方法于 20 世纪 40 年代由美国在第二次世界大战中研制原子弹的"曼哈顿计划"的成员 S. M. 乌拉姆和 J. 冯·诺伊曼首先提出。蒙特卡罗方法又称随机抽样方法，是一种与一般数值计算方法有本质区别的计算方法，属于试验数学的一个分支，起源于早期的近似概率的数学思想，它利用随机数进行统计试验，以求得统计特征值（如均值、概率等）作为待解问题的数值解。随着现代计算机技术的飞速发展，蒙特卡罗方法已经在原子弹工程的科学研究中发挥了极其重要的作用，并正在日益广泛地应用于物理工程的各个方面，如气体放电中的粒子输运过程等。

MCNP 是美国 Los Alamos 国家实验室开发的大型多功能通用蒙特卡罗程序，可以计算中子、光子和电子的联合输运问题以及临界问题。中子能量范围在 0~60MeV 可用（普通的数据库上限是 20MeV），电子和光子则在 1keV~1GeV 内可用。程序采用独特的曲面组合几何结构，使用点截面数据，程序通用性较强。与其他程序相比，MCNP 程序中的减小方差技巧是比较多而全的。

MCNP 源代码是用 FORTRAN 语言编写的，其程序包中包含了大量的核反应数据库文件。MCNP 可以处理任意三维几何结构的问题，几何结构由多个几何栅元构成，而几何栅元的界面由平面、柱面、球面及特殊的四次椭球环曲面等组成。几何栅元中的物质材料根据材料的元素组成由用户自定义。

MCNP 程序的输入包括数据库文件、执行程序文件和用户文件,其中由用户编写的是用户 INP 文件,该文件包含了描述所解问题的所有信息,包括标题行、栅元卡、曲面卡、数据卡,如图 4-6 所示。

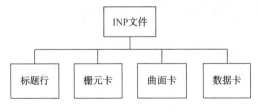

图 4-6　INP 文件组成结构图

标题行阐述输入文件的简单信息,如创建时间、模拟目的等。栅元卡由栅元号、材料号、材料密度、构成曲面组成。栅元号是定义栅元的标识符,相当于给栅元编个号。材料号指明了该栅元是由几号材料组成的,同时需要在数据卡的材料卡里对各种材料进行详细说明。材料密度指出了材料的密度,正号为原子密度,负号为质量密度。构成曲面指出了栅元是由哪些曲面包裹而成,除了最外部的空间,各个栅元都应该是由相应曲面包裹而成的封闭几何体。曲面卡描写出构成栅元的所有曲面,由曲面号、曲面方程助记符、方程参数组成。数据卡由问题类型卡、材料卡、栅元重要性卡、源信息卡、计数信息卡、问题截断卡组成。问题类型卡说明了粒子输运类型,包括光子、中子、电子。材料卡描写了构成栅元的材料,由各元素及质量分数(或原子个数)组成。栅元重要性卡指出了我们感兴趣的栅元,1 表示感兴趣,0 表示不感兴趣。源信息卡描述源的相关信息,包括类型、能量、尺寸、位置、出射方向等。计数信息卡是 MCNP 统计粒子输运结果的一个重要卡片,MCNP 提供了多种计数信息卡,可以根据能量间隔统计粒子数。问题截断卡描述程序停止运行的条件,通常根据设计的粒子数来停止程序。

二、X 射线多相流理论仿真

本实验模拟高、低能级 X 射线穿过管道内的油、气、水混合物,用 NaI 晶体探测器接收穿过后的射线粒子,按一定能量间隔统计出粒子数分布。建立的模型示意图如图 4-7 所示,左边为 X 射线源,以 θ 角成圆锥体形发射 X 射线。右边为 NaI 晶体探测器,由 NaI、光电倍增管以及外围包裹的铝组成。

NaI 晶体探测器总体尺寸为 $\phi30mm\times205mm$,里面裸露的 NaI 尺寸为 $\phi25mm\times50mm$,密度为 $3.67g/cm^3$。光电倍增管尺寸为 $\phi25mm\times150mm$,用塑料近似光电倍增管的结构材料。最外层为 1mm 厚均匀铝膜包裹,铝膜密度为 $2.73.67g/cm^3$。铝膜与 NaI、光电倍增管之间用空气填充,上、下、左边厚度都为 4mm,空气密度为 $0.0012g/cm^3$。

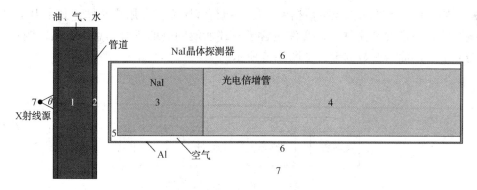

图 4-7 模型示意图

管道内径为 20mm，外径为 25mm。考虑到管道壁对 X 射线的衰减不能太大，选用铍作为管道壁材料。实际系统可以采用在管道上开铍窗，使 X 射线从铍窗穿过的方式减小 X 射线的衰减。管道壁密度为 $1.85g/cm^3$，轴线距 NaI 晶体探测器 20mm，管道内为纯油、纯气、纯水或油气水混合物。纯油密度 $0.9g/cm^3$，各元素质量分数与原油近似：碳 84%，氢 13%，氧 1.2%，氮 1.4%，硫 0.4%。气体用空气代替，密度为 $0.0012g/cm^3$，纯水密度为 $1.0g/cm^3$。油气水混合物成分和密度随各相比例不同而不同，根据混合物中油、气、水各体积百分比以及油、气、水各自密度即能计算出各元素质量百分比。表 4-1 给出了一种相含率下的油气水混合物成分数据。

表 4-1 不同相比例下的油气水混合物数据统计表

成分	体积百分比/%	密度/(g/cm³)	各元素质量百分比/%	MCNP 成分表示：ZAID
油	30		C：33.83260 H：11.86527	C：6000 H：1000
气	30	0.67036	O：53.53470 N：0.60583	O：8000 N：7000
水	40		S：0.16110 Ar：0.00050	S：16000 Ar：18000

换算成 MCNP5 程序识别的成分表示法，如下所示：

```
M5    6000    -33.83260    $ C
      1000    -11.86527    $ H
      8000    -53.53470    $ O
      7000    -0.60583     $ N
     16000    -0.16110     $ S
     18000    -0.00050     $ Ar
```

该段程序表示表4-1中混合物的成分：第一行表示混合物中C元素信息，6000中6表示碳原子序数，000表示天然碳元素，-33.83260表示所含C元素的质量分数。以此类推，第二至第六行分别为所含的H、O、N、S、Ar元素信息。

采用点源形式模拟X射线管发射出的高、低能级X射线，点源距管道轴线20mm，能量为离散的钼靶和钨靶特征能量17.44keV和58.87keV，两者按1∶1的概率发射。发射方向成圆锥体形式，体角度θ为0°～16.2°。

依据以上分析编写输入文件，设置模拟粒子数为5000万个，光子计数类型取F1，按一定能量区间划分，其计数值代表每一区间光子数并运行MCNP5程序进行模拟，运行结束后提取出输出文件中的计数卡数据绘制成能谱图。图4-8为油30%、气30%、水40%条件下穿过混合物的粒子能谱图。从图中可看出，在理想情况下，每一个能量峰只在一个能量道上累积。而实际NaI晶体探测器能量分辨率较低，一个能量值往往由十几道的计数值贡献。因此对脉冲进行特殊处理：采用计数特殊处理卡Ftn卡对脉冲进行高斯拓展处理，格式如下：

Ft8 GEB a b c

其中，GEB专门用来进行高斯展宽，a、b、c是与探测器有关的参数，脉冲的半高宽度$FWHM=a+b\sqrt{E+cE^2}$，E为粒子能量。经过高斯展宽处理后，能谱图如图4-9所示。比较高斯展宽处理前后能谱图可看出，经过高斯展宽后的能谱图峰值处变成高斯脉冲形，更符合实际NaI探测器特性。

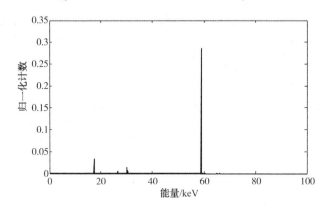

图4-8　高低能级X射线穿过油气水后未高斯展宽的计数

根据本章第2节推导的式(4-16)、式(4-17)、式(4-18)，计算出油气水相比例需要测量8个数据：高、低能级X射线分别穿过纯油、纯气、纯水以及油气水混合物后的强度。参照上面的高、低能级X射线穿过油气水混合物模拟实验，将管道内的油气水混合物分别换成纯油、纯气、纯水（其他参数不变）进行模拟实验，得到实验计数。

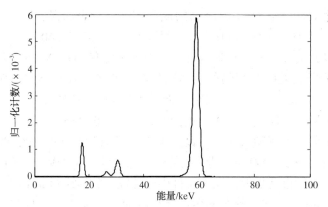

图 4-9　高低能级 X 射线穿过油气水后经高斯展宽的计数

三、理论仿真结果与分析

MCNP 程序模拟的结果是将所有计数都归一化为单个源粒子对应的值。例如用 F8 卡计数，其实表示每个源粒子在探测器中产生的脉冲数。所以无论模拟粒子数多少，都不会改变探测器中产生的脉冲数真实值，但是模拟粒子数越多，得到的模拟值越接近真实值。在模拟时，指定粒子数为 N，则可认为这 N 个粒子在一秒之内全部发射出去，所以 F8 计数卡得到的结果为脉冲数/粒子·秒，将结果乘以模拟粒子数 N，即得到初始计数率脉冲数/秒，再考虑 NaI 晶体探测器的探测效率，就能计算出探测器的计数率（CPS）。

纯油、纯气、纯水条件下 NaI 探测器响应的数据统计见表 4-2；改变油气水相含率进行多次模拟实验，NaI 探测器响应的数据统计见表 4-3；根据模拟数据计算出的结果误差见表 4-4。

表 4-2　MCNP 模拟纯油、纯气、纯水时 NaI 探测器响应数据统计表

物质成分	模拟源粒子数/万个	平均计数误差/%	主峰位计数误差/%		主峰位脉冲数	
			58.87keV	17.44keV	58.87keV	17.44keV
100%油	5000	3.27	0.12	0.25	0.00544828	0.00130326
100%气	5000	3.65	0.11	0.15	0.00735552	0.00383366
100%水	5000	3.41	0.13	0.42	0.00520840	0.000488180

表 4-3　MCNP 模拟不同油气水比例时 NaI 探测器响应数据统计表

物质成分/%			模拟源粒子数/万个	主峰位脉冲数		计算相含率/%		
油	气	水		58.87keV	17.44keV	油	气	水
10	30	60	5000	0.00580790	0.00101482	11.40	30.08	58.52
20	30	50	5000	0.00583668	0.00113242	22.64	30.04	47.32

续表

物质成分/%			模拟源粒子数/万个	主峰位脉冲数		计算相含率/%		
油	气	水		58.87keV	17.44keV	油	气	水
30	30	40	5000	0.00586392	0.00126408	34.16	29.89	35.95
40	30	30	5000	0.00589072	0.00141116	45.78	29.69	24.53
50	30	20	5000	0.00592034	0.00157156	56.68	29.72	13.60
60	30	10	5000	0.00594824	0.00175910	68.55	29.54	1.91

表 4-4 不同油气水比例时 MCNP 模拟结果绝对误差统计表

物质成分/%			相含率绝对误差/%		
油	气	水	油	气	水
10	30	60	1.40	0.08	-1.48
20	30	50	2.64	0.04	-2.68
30	30	40	4.16	-0.11	-4.05
40	30	30	5.78	-0.31	-5.47
50	30	20	6.68	-0.28	-6.40
60	30	10	8.55	-0.46	-8.09

将 6 次不同油气水相含率条件下的模拟实验计算结果与实际相含率进行比较，如图 4-10 所示。6 次模拟实验含气率都设置为 30%，含气率实验结果曲线与实际含气率曲线几乎重合。模拟实验所得含油率比实际含油率大，但曲线增大趋势与实际含油率曲线增大趋势一样。模拟实验所得含水率比实际含水率小，但模拟曲线减小趋势与实际含水率曲线减小趋势一样。将模拟实验计算结果误差绘制成图 4-11，模拟含油率误差随实际含油率增大而增大，模拟含水率误差绝对值随实际含水率减小而增大。

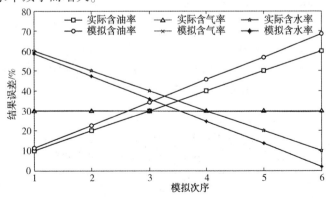

图 4-10 不同油气水相含率条件下模拟实验的结果图

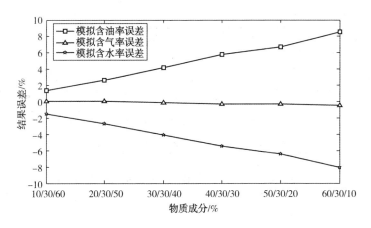

图 4-11　不同油气水相含率下模拟实验结果绝对误差图

通过以上 MCNP 程序模拟实验并分析实验结果得出：在含油率 10%、含气率 30%、含水率 60% 条件下，模拟实验结果与实际值很接近，误差在 1.5% 以内；而在其他相含率条件下，误差随含油率增大含水率减小而增大，但增大趋势基本呈线性关系。在实际系统测量计算时，可以根据仿真模拟实验的曲线将式 (4-16)、式 (4-17)、式 (4-18) 计算的结果进行校正，提高测量精度。

第4节　X射线多相流测量系统

X 射线多相流测量系统由 X 射线发射系统和 X 射线探测与处理系统两部分组成，如图 4-12 所示。X 射线发射系统用于发射双能级 X 射线。由于能量在 15keV 附近的 X 射线对水较敏感，能量在 60keV 以上的 X 射线对油、水变化不敏感，因此，双能级 X 射线应在 60keV 和 15keV 附近选择。钨（W）靶的特征 X 射线能量为 58.87keV，钼（Mo）靶的特征 X 射线能量为 17.44keV，这两者比较接近 60keV 和 15keV，因此选择钨（W）靶和钼（Mo）靶两种 X 射线管作为本系统双能级的 X 射线发生装置。X 射线探测与处理系统用于接收穿过物质后的 X 射线，通过分析射线光子的能级分布，得到该物质的 X 射线能谱图，由能谱图中的数据信息分析计算出油气水多相流的相含率。

图 4-12　X 射线多相流测量系统结构图

一、X 射线发射系统

1. X 发射系统方案

X 射线发射系统用于发射强度可调的 X 射线，主要包括为阴阳两极提供可调直流高压的高压源、为 X 射线管灯丝提供稳定可调电流的灯丝电流源及温度保护电路。X 射线系统方案如图 4-13 所示。高压源为 X 射线管阴阳两极提供直流高压电源，加速灯丝产生的电子束来撞击阳极靶材产生 X 射线。灯丝电流源为灯丝提供稳定可调的电流，加热灯丝产生热电子。温度保护电路用于实时监测 X 射线管温度，当温度过高时，关断灯丝电流源和高压源，起到保护 X 射线管的作用。

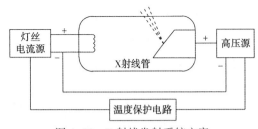

图 4-13　X 射线发射系统方案

2. 高压源电路

本系统选用钼靶和钨靶 X 射线管。当 X 射线管阴阳两极间电压达到额定工作电压时，射线管才能辐射出特征 X 射线，否则就只产生连续 X 射线。钼靶和钨靶 X 射线管的额定工作电压分别为 50kV 和 80kV。

高压源电路用于产生钼靶和钨靶 X 射线管的阴阳极工作电压，即产生 50kV 和 80kV 的直流高压。产生高压最直接的方法是变压器升压法，该方法的缺点是效率低、纹波系数大，因此被后来发展起来的逆变技术取代。逆变技术是通过功率开关管控制开断将直流转换成交流，这样可以将频率提高到几千赫兹甚至几十万赫兹，而不是固定的工频 50Hz。本系统的高压源采用逆变技术得到高频交流，再用高频变压器升至高频高压，最后倍压整流输出直流高压。高压源电路结构如图 4-14 所示。图中将谐振电路和高频变压器结合在一起，以减小开关管的损耗。

逆变电路的作用是，将前端的直流电压通过开关控制输出高频交流方波。常见逆变电路有半桥式、全桥式、推挽式。本系统选用全桥式逆变电路，电路结构如图 4-15 所示，由 4 只晶体管 Q1~Q4，反并联二极管 D1~D4 组成。

在一个开关周期的前半周期 Q1、Q4 导通，Q2、Q3 截止；后半周期 Q2、Q3 导通，Q1、Q4 截止，且 Q1 和 Q2、Q3 和 Q4 导通之间设置死区时间，以防短路。输出电压幅值为 U_{in}，各器件承受电压为 U_{in}。

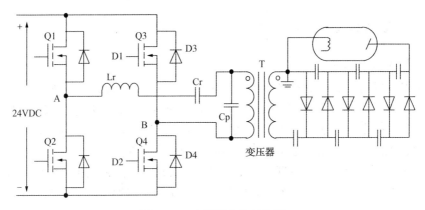

图 4-14 高压源电路结构图

3. 灯丝电流源设计与实现

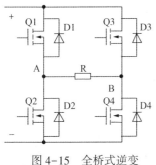

图 4-15 全桥式逆变电路结构图

灯丝电流源的作用是给灯丝提供稳定的电流,从而使灯丝产生电子。电子的多少影响到 X 射线的辐射强度,而产生电子的量与灯丝电流有直接的关系。因此需要设计一个能调节输出电流大小的电流源,调节 X 射线发生器辐射 X 射线的强度。

根据 X 射线管的要求,灯丝电流的工作范围为 1.0~2.0A,电压不高于 5V。本系统采用基于开关电源原理的自反馈型直流电流源作为灯丝电流源。该电流源通过 DC-DC 转换芯片 XL4015 为开关电源模块提供可调的直流输入电压,Buck 型开关电源模块为负载提供稳定的电压,从而流过负载的电流一定。将采样电阻的电压通过 OPA2340 差分放大,并用 SG3525 反馈给开关电源模块,从而形成闭环控制。本电流源系统可分为稳压电源电路、XL4015 电压转换电路、开关电源电路、差分放大电路、SG3525 反馈电路等部分,其系统组成如图 4-16 所示。

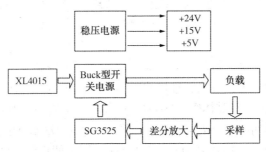

图 4-16 电流源结构框图

图中，XL4015 将 24VDC 转换成可调的直流电压提供给开关电源，开关电源采用 Buck 型结构，其输出电压 V_o 与输入电压 V_i 之间的关系为 $V_o = V_i * D$，其中 D 为开关电源电路中场效应管控制端信号的占空比。通过改变 XL4015 的输出电压，即改变 V_i，就可以改变 V_o，从而可以得到大小不同的输出电流 I_{out}。反馈部分由采样电阻、差分放大电路、SG3525 及外围电路组成。采样电阻对输出电流进行采样，转换成采样电压；OPA2340 组成的电路对其进行差分放大后送给 SG3525；SG3525 将送来的反馈电压与预设电压值进行比较，根据它们的大小关系调节输出 PWM 波的占空比，从而调节开关电源占空比 D，输出新电流。这样的闭环控制设计，能使电路根据输出电压变化进行调节，使负载电流更稳定。

4. X 射线发射系统实物

X 射线发射系统中，各个模块调试完成后，将 X 射线源、高压电源、灯丝电路等安装在仪器骨架内，如图 4-17 所示。其中最左端是刚性骨架，高频脉冲变压器安装在刚性骨架内，其余模块均安装在聚四氟乙烯骨架上。聚四氟乙烯材料具有很好的耐热性、耐压性、耐腐蚀性，用在此处高压中，也能够起到很好的绝缘作用。

图 4-17 X 射线发射系统实物图

二、X 射线探测与处理系统硬件设计

X 射线探测与处理系统原理框图如图 4-18 所示。首先由探测器(本系统选择 NaI 闪烁晶体探测器)将透射后 X 射线转换为电脉冲信号，一般幅度较小(几十至几百毫伏)。为了更好地实现模数转换，该信号还需经放大电路进一步放大至 ADC 合适的输入电压范围。之后 ADC 将输入的模拟信号数字化，然后在 FPGA 里利用数字信号处理技术提取出各电压脉冲的幅度，统计出代表不同能量的不同幅度脉冲的计数率，

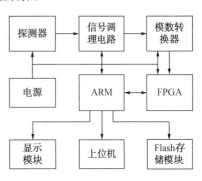

图 4-18 X 射线探测与处理系统原理框图

形成能量与脉冲计数率曲线——多道能谱数据。将这些多道能谱数据传输至 ARM 显示出多道能谱图，并做进一步处理，或传输给上位机进行处理。

1. 信号调理电路

探测器输出的电压脉冲信号较为微弱,幅度为几十、几百毫伏,脉冲宽度最小为1us,且为负脉冲,如图4-19所示。要想更好地实现模数转换,必须对探测器输出的负脉冲信号进行调理。

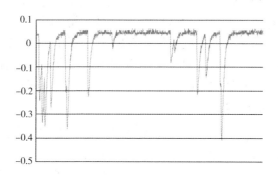

图4-19 探测器输出的脉冲信号

图4-20为信号调理电路,探测器输出信号幅度较小且驱动能力不足,首先经电压跟随器增大输出电流提高带负载能力,并且隔离开前后级电路,起到缓冲作用。由于探测器输出信号幅度较小且为负值,而AD输入信号峰值可达2V,所以设计两级反相放大电路,第二级反相放大电路加上合适偏置电压使输出信号为正值。故信号调理电路共分为三级:第一级为电压跟随器,第二级为反相放大电路,第三级为带偏置的反相放大电路。

第一级电路中,U11、R12、C11、R16组成了电压跟随器,R16为保护电阻,R12、C11组成相位补偿网络,起消除内部自激振荡作用。R11为输入阻抗匹配电阻,R3、R6为输出阻抗匹配电阻。

第二级电路中,U12、R1、R7、R18、C9、C23组成反相放大电路(放大倍数为$-R18/R7$),通过调节电位器R18可以调节增益,R1为平衡电阻,R7、C9组成低通滤波器,C23起补偿相位作用,消除内部自激振荡。R13为输入阻抗匹配电阻,R8为输出阻抗匹配电阻。

第三级电路中,U13、R2、R9、R17、R19、C10、C24组成带偏置的反相放大电路。R2为平衡电阻,R9、C10组成低通滤波电路,C24补偿相位消除自激振荡。R14为输入阻抗匹配电阻,R5为输出阻抗匹配电阻。

由U14、R15、R4、R10、C12组成的电压跟随器构成偏置电压调节电路。调节R4可使输出的偏置电压V_{offset}在$-5 \sim +5V$范围内变化。R10、C12组成相位补偿网络,R15为保护电阻。

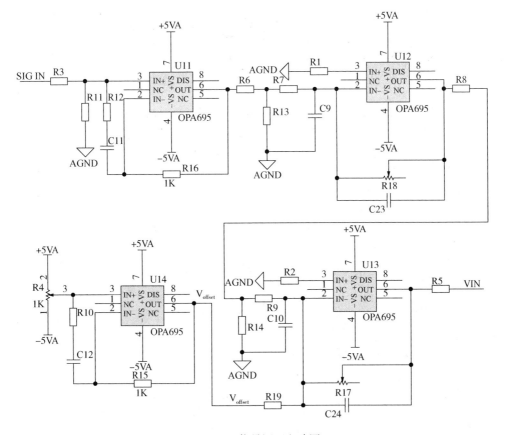

图 4-20 信号调理电路图

2. 高速 ADC 电路设计

选择 AD9226 为数模转换芯片,可以单端信号输入,也可以差分信号输入。相比于单端信号,差分信号由于两根信号走线之间的耦合较好、极性相反,抗干扰能力强,能有效抑制电磁干扰,因此选择差分信号输入方式。

1) 差分放大电路设计

因 AD9226 的模拟输入为差分输入,故需将信号调理电路输出的单端模拟信号转换成差分信号。选择 AD8138 作为单端转差分电路主芯片,电路图如图 4-21 所示。图中,U16、R20、R26、R30、R33、R34 组成单端转差分电路。R30 为输入阻抗匹配电阻,R27、R31 为输出阻抗匹配电阻。U16 中 2 脚差分共模电压由+5V 电源经过电位器 R24 分压而得,可调范围为 0~+5V;C28 为滤波电容,起到对差分共模电压滤波作用。

图 4-21 中差分放大电路的放大倍数由下列公式推导得出:

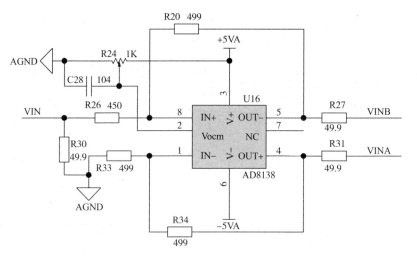

图 4-21 单端信号转差分信号电路

$$\frac{1}{R30} = \frac{1}{Rs} - \frac{1 - \dfrac{R33}{2(R33+R34)}}{R26} \quad (4-19)$$

式中，Rs 为前端调理电路的输出阻抗。

$$R20 = R34, \quad R26 = R33 - R30//Rs \quad (4-20)$$

$$\beta1 = \frac{R33}{R33+R34} \quad \beta2 = \frac{R26+R30//Rs}{R26+R30//Rs+R20} \quad (4-21)$$

$$\frac{V_{\text{out,dm}}}{V_{\text{in}}} = 2\left(\frac{\beta1-\beta2}{\beta1+\beta2}\right)\left(\frac{R30}{Rs+R30}\right) \quad (4-22)$$

对此电路进行测量，输入频率 1MHz 峰值 2V 正弦波，两路输出波形如图 4-22 所示。

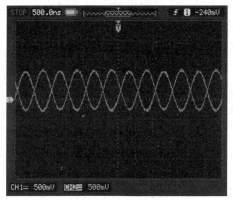

图 4-22 单端转差分电路输出波形

2）ADC 电路

AD9226 为单电源供电、12bit、65Msps 并行输出高速模数转换器，其电路图如图 4-23 所示。

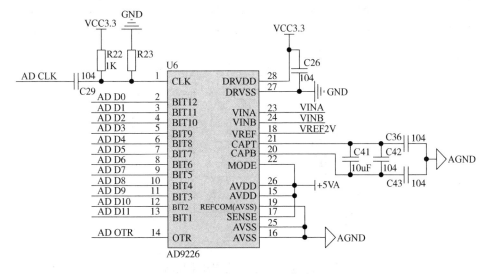

图 4-23　AD9226 电路图

在图 4-23 中，电路选择外部参考电压输入，二进制补码格式输出数据，OTR 为溢出标志，当输入电压超过量程时，OTR 输出高电平。AD9226 采样时序图如图 4-24 所示。AD9226 在输入时钟低电平期间处于采样状态，高电平期间处于保持状态。AD9226 采用流水线处理方式，一个数据需经过 8 个周期后才输出转换结果。时钟上升沿在输出数据周期的中点处，外部设备可在时钟上升沿时读取数据。输出数据格式有二进制输出格式和二进制补码格式两种，本小节选择二进制补码格式数据输出。

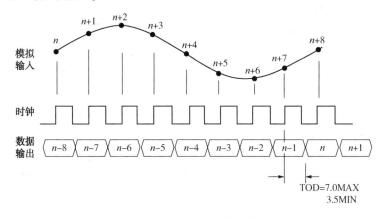

图 4-24　AD9226 采样时序图

AD9226 的量程与参考电压 VREF 是相等的，参考电压有两种来源：内部参考源和外部输入电压。相对于内部参考源误差大，外部输入电压由自己设计，灵活性大，更能保证参考电压的稳定性，因此采用外部参考电压输入方式，选用 LM236 芯片，如图 4-25 所示，其输出电压为 2.5V。由于 AD9226 最大转换范围为峰值 2V，所以通过两个分压电阻 R36、R37 分压得到 2V 参考电压给 AD9226。

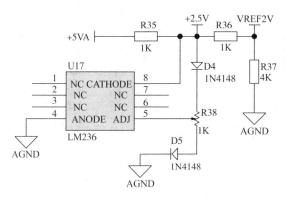

图 4-25　LM236 参考电压电路图

3. FPGA 及外围电路设计

FPGA 采用 CycloneⅣ系列产品进行数字信号处理。FPGA 芯片最小系统由电源电路、时钟电路、配置电路组成。电源电路为 FPGA 工作提供电压，时钟电路为 FPGA 内部提供全局时钟，配置电路为 FPGA 上电后重新加载程序。

FPGA 芯片工作时共需 1.2V、2.5V、3.3V 3 种电源，如图 4-26 所示。图左半部分为 PLL 电源部分，PLL 的模拟电源接 2.5V 电源，两个 PLL 的数字电源通过铁氧体磁珠连在 1.2V 上，磁珠可以起到电源滤波的作用。图右半部分为内核电源和 I/O 口电源部分，分别接 1.2V 和 3.3V。

时钟对逻辑芯片是至关重要的，芯片工作是在时钟的节奏下完成的。时钟设计不合理，将会造成时钟抖动和偏差，导致芯片误操作，较难调试。采用单一全局时钟方案，外部晶振 50MHz 时钟输入 FPGA 后经 PLL 倍频到 30MHz 供给其他子模块使用。时钟电路如图 4-27 所示。

FPGA 配置电路作用是对 FPGA 进行调试和上电重加载程序，故配置电路包括两个部分：JTAG 接口和 AS 下载接口。JTAG 接口用于在线调试 FPGA 程序，可用 Quartus 自带的虚拟逻辑分析仪进行监测内部信号。AS 为主动下载模式，FPGA 上电后主动从外部配置芯片读取数据进行配置。配置电路如图 4-28 所示。

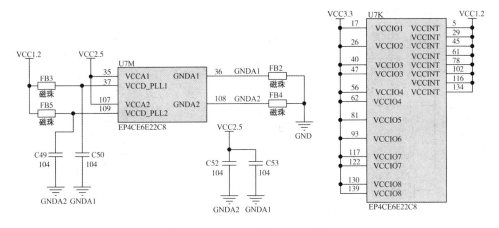

图 4-26 FPGA 电源电路原理图

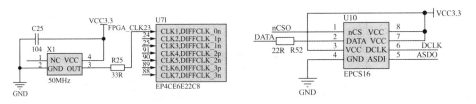

图 4-27 FPGA 时钟原理图　　　图 4-28 FPGA 配置电路原理图

4. ARM 及外围电路设计

选用 STM32F103ZET6 芯片,包含 512KB 容量的 Flash(用于存储用户程序)和 256KB 容量的 RAM(系统时钟 72MHz)。除此之外,还含有常用的外设,比如 UART、SPI、ADC 等。该芯片的最小系统包括电源电路、系统时钟及程序下载调试接口、复位电路。

STM32 的供电电压为 3.3V,其与地之间接有多个滤波电容以滤除电源上的纹波。系统时钟、上电和下载程序接口如图 4-29 所示。系统时钟连接了外部两个晶振,8MHz 晶振接在芯片主时钟上,经过里面的锁相环电路倍频到 72MHz,供给内部系统时钟。32.768kHz 晶振为内部的 RTC 外设提供时钟。复位电路由电阻和电容组成,按键按下时复位引脚上输入低电平芯片复位。JTAG 接口为 STM32 的下载调试接口,是用来下载程序和在线调试的。

5. UART 接口电路设计

本系统中,经过 FPGA 和 ARM 对数据的处理后,数据的通信速度要求极大地降低,因此,选择 UART 串行通信接口作为下位机 ARM 与上位机之间的通信。由于现在大多数 PC 机都没有串口而留有 USB 接口,所以设计了 UART 转 USB 电路,如图 4-30 所示。TXD 和 RXD 接在 STM32 芯片的 UART1 引脚上,D$^+$ 和 D$^-$

作为 USB 接口的数据线与 PC 机相连。

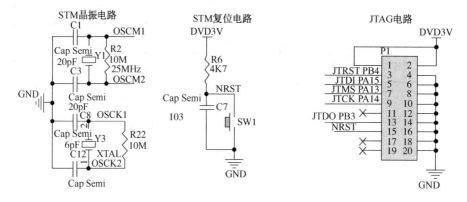

图 4-29　STM32 最小系统外围电路

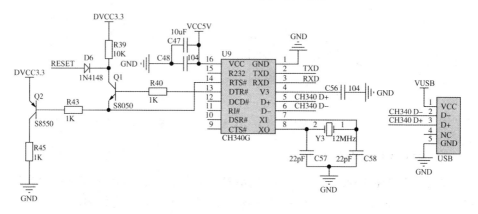

图 4-30　UART 转 USB 电路

该 X 射线探测与处理系统根据以上设计制作成 PCB 板并焊接元器件后实物，如图 4-31 所示。

图 4-31　X 射线探测与处理系统实物图

三、X 射线探测与处理系统软件设计

采用模块化设计方式，对 FPGA 软件在顶层上划分为 7 个子模块：ADC 控制模块、梯形成形滤波模块、基线恢复模块、脉冲判别及峰值检测模块、双口 RAM 存储模块、并行通信接口模块、时钟模块(如图 4-32 所示)。

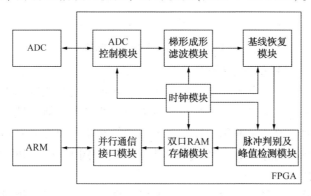

图 4-32 软件结构框图

ADC 控制模块输出时钟给外部 ADC，外部 ADC 采样转换的数据通过 ADC 控制模块传输给梯形成形滤波模块。成形后的数据进入基线恢复模块扣除噪声基线值，得到梯形成形信号的有效值。之后进入脉冲判别及峰值检测模块，提取出各梯形峰值，即原始脉冲幅度，并统计出各幅度的脉冲个数，得到多道能谱数据，存储在双口 RAM 中。多道能谱数据通过并行通信接口模块与 ARM 实现数据通信。

1. FPGA 软件设计

1) ADC 控制模块

AD9226 的时钟上升沿在输出数据周期的中间，所以在 AD 时钟上升沿读取数据可以有很好地建立时间和保持时间。CLK 为 ADC 模块工作的时钟，AD_CLK 为 AD9226 采样时钟，两者频率和相位相同。AD_IN 为 AD9226 输出的 12 位并行数据，AD_OUT 为输出给下一级模块的数据。只要在 CLK 的上升沿把 AD_IN 赋值给 AD_OUT，就可实现将 AD9226 采样转换的数据读取给下一级梯形成形滤波模块，ADC 控制模块框图如图 4-33 所示。通过 Quartus 中的 Signal Tap 逻辑分析仪，可以真实地观察 FPGA 内各变量波形。用 AD9226 采样 1MHz 正弦波，图 4-34 为逻辑分析仪实测数据，从上至下依次为 PLL 输出时钟 c0、AD9226 控制时钟 AD_CLK 以及 AD 输入至

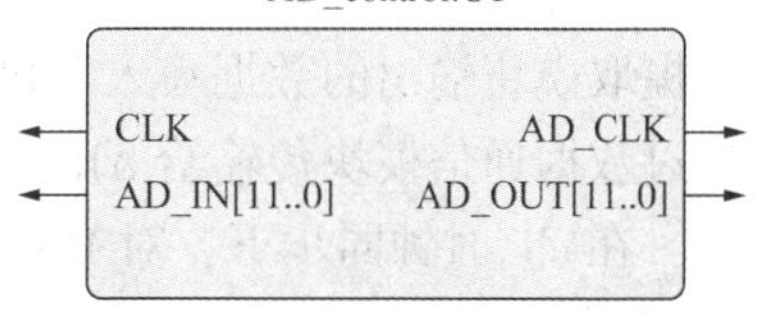

图 4-33 ADC 控制模块框图

FPGA 的数据。可以看出，AD9226 正常工作，FPGA 正确获取 AD 转换后的数据。

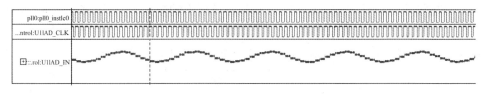

图 4-34 ADC 控制模块实测数据

2）脉冲判别及峰值提取模块

由于探测器振动、电子元器件固有噪声、外界温度变化等因素影响，脉冲信号上会出现一些无效脉冲。为了减小这些无效脉冲对多道能谱数据的影响，必须设计算法将其剔除掉。脉冲判别旨在根据脉冲的脉宽和幅度来判别该脉冲是否为有效脉冲。当到来的脉冲宽度和幅度都大于设定的阈值时，判断其为有效脉冲；否则，为无效脉冲。

峰值提取模块的目的是找出脉冲的幅度，即最大值。峰值提取的原理是逐个比较法，即在脉冲周期内，将到来的数据与前一个数据比较。若大于前一个数据，则更新最大值寄存器的值为当前数据值；若小于，则保持不变。脉冲判别及峰值提取模块流程图如图 4-35 所示。AD_OUT 为前面模块的输出数据，baseline 为有效脉冲幅度阈值，Pulse 为有效脉冲到来标志，cnt 为脉宽计数，width_val 为有效脉冲脉宽阈值，Maxdata 为一个脉冲内暂存最大值，Maxdata_out 为一个有效脉冲最大值，flag 为输出有效脉冲最大值标志。

用正弦信号作为输入信号，逻辑分析仪 Signal Tap 实测脉冲判别及峰值提取模块数据如图 4-36 所示。图 4-36 的上方为多个脉冲各信号数据，下方为一个有效脉冲周期内的各信号数据。由图 4-36 可以看出，模块正确提取出有效脉冲峰值。

3）双口 RAM 存储模块

经过峰值提取模块处理后的数据为一系列脉冲的幅度值，需要统计不同的幅度值对应的脉冲个数，才能得出多道能谱数据。采用双口 RAM 来存储脉冲幅度值和脉冲个数，双口 RAM 中寄存器道址对应脉冲幅度值，寄存器中数据对应该幅值的脉冲个数。如图 4-37 所示，双口 RAM 具有两个读写端口，一个端口将峰值提取模块输出的数据写入双口 RAM 中，另一个端口读出双口 RAM 中的数据并通过数据通信模块传输给 ARM。

在 clk 时钟同步下，对 RAM 进行读写操作。其读写时序如图 4-38 所示：在 clk 上升沿之前，建立地址，rden 置高；在 clk 上升沿时，q 输出地址为 add 的寄存器数据，完成读数据操作；在 clk 下降沿，建立写数据 q+1，wren 置高；在 clk

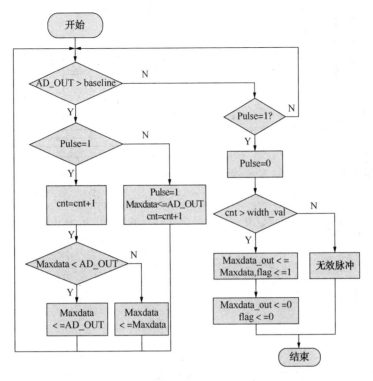

图 4-35 脉冲判别及峰值提取程序流程图

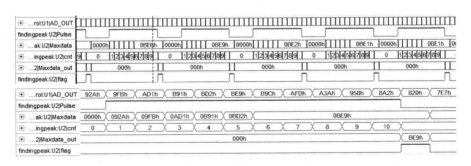

图 4-36 脉冲判别及峰值提取模块实测数据

上升沿到来时，将 q+1 写入该地址寄存器，完成写数据操作。

分道存储模块根据该峰值大小，对双口 RAM 中对应的寄存器进行写操作。对于 2^N 道能谱分析器，取 n 位前端处理数据的高 $N(n \geqslant N)$ 位作为地址，读出该地址的寄存器数据 data 进行加 1，然后将 data+1 写入到该寄存器中，即完成一个脉冲峰值的处理。建立一个标志信号 flag 作为数据存入双口 RAM 开始的标志。当脉冲到来时，flag=1；当脉冲结束时，flag=0，flag 下降沿为脉冲刚结束，作为存储 RAM 开始标志。由此，可设计一个状态机来实现双口 RAM 数据的存储，其状态图如图 4-39 所示。

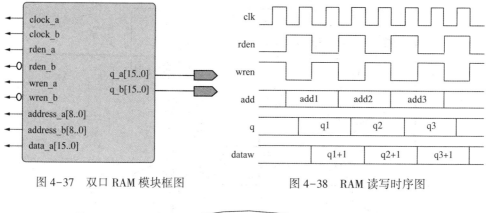

图 4-37 双口 RAM 模块框图　　　　图 4-38 RAM 读写时序图

图 4-39 双口 RAM 存储数据状态图

状态机包括 4 个状态。①状态 IDLE：空闲状态，rden_a = 0，wren_a = 0。②状态 SR1：读建立状态，rden_a = 1，add_a = peak[n：$n-N+1$]。③状态 SR2：读数据状态，buffer = q，rden = 0。④状态 SW：写数据状态，data_a = buffer+1，wren_a = 1。其中 peak 为峰值提取模块输出的脉冲幅值。

采用 Modelsim 软件对双口 RAM 存储模块进行仿真，仿真波形如图 4-40 所示。在 clk 的下降沿时刻将值写到输入信号线上，在 clk 的上升沿时刻读取双口 RAM 的值。a 端先读出各寄存器值，然后加 1 写入该寄存器；同时 b 端读各寄存器值。在上述仿真中，各寄存器的 4 位十六进制初始值高 3 位为地址对应的十进制值，最低位为 0，例如，地址为十进制 155 的寄存器值为 0x1550。从图 4-40 中可看出，b 端读出的值与 a 端写入的值相同，说明双口 RAM 可以正常工作。

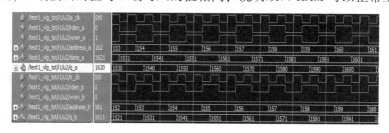

图 4-40 双口 RAM 模块仿真波形

2. ARM 软件设计

ARM 与 FPGA 相比，FPGA 偏向于数据流的处理，而 ARM 更适合于全局控制方面。本设计采用 ARM 与 FPGA 中的双口 RAM 进行数据通信，同时，ARM 驱动 LCD 显示多道能谱图，控制 Flash 存储器存储多道能谱数据，与上位机进行通信。

本设计选用的 STM32F103ZE 芯片带有 FSMC 接口，能够与同步或异步存储器和 16 位 PC 存储器卡连接，每个外部设备可以通过唯一的片选信号加以区分，FSMC 每个时刻只能访问一个设备。FSMC 读时序有多种，本设计选择模式 A，如图 4-41 所示，由 A[25:0]（地址总线）、NEx（片选）、NOE（读使能）、NWE（写使能）、D[15:0]（数据总线）组成。STM32F103 的 FSMC 配置如下：

（1）首先配置 FSMC 读写控制时序为模式 A，读写时序相同：配置 ADDSET（地址建立时间）、DATAST（数据建立时间）、ADDHLD（地址保持时间）。

（2）配置使用 Bank1（存储块 1）的区 1。

（3）配置寄存器数据宽度为 16 位。

（4）使能 FSMC 配置。

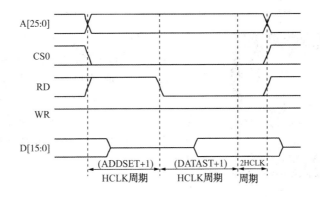

图 4-41 FSMC 模式 A 读时序图

对 ARM 与 FPGA 之间的数据通信模块单独进行测试验证。FPGA 端双口 RAM 寄存器值按前文所述的双口 RAM 的相应仿真数据写入，即各寄存器写入的数据为该寄存器十进制地址和 1 的组合，比如，十进制地址为 134 的寄存器写入数据为十六进制 1341。ARM 端通过 FSMC 外设读取数据，并通过串口将读取的数据发送给上位机串口调试软件进行查看。结果如图 4-42 所示，将接收的数据统计成表 4-5。从表 4-5 中可以看出，地址为 000~335 的寄存器，通过串口发送的数据与双口 RAM 中写入的数据一致，表明 ARM 与 FPGA 之间能正常通信。

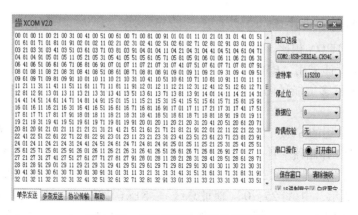

图 4-42 串口调试软件接收的数据

表 4-5 串口调试软件接收数据统计表

寄存器地址（十进制）	数据（十六进制）	寄存器地址（十进制）	数据（十六进制）
000	0001	……	……
001	0011	334	3341
002	0021	335	3351

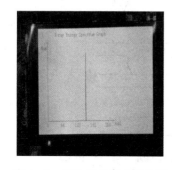

FSMC 外设将 FPGA 中的双口 RAM 缓存的数据读取过来后，通过 LCD 显示出多道能谱图（如图 4-43 所示），并存储在 Flash 里面。这样，系统在离线状态时，仍可以通过读取 Flash 来获得测得的多道能谱数据，最后经 UART 将多道能谱数据传输给上位机进行进一步处理，计算出最后结果。

图 4-43 LCD 屏显示的能谱图

第 5 节 X 射线多相流测量实验

在室内多相流模拟实验系统中（如图 2-3 所示），试验油品选择工业白油，在常温常压下，向搅拌罐中加入纯矿物机械油，泵的排量调为 $2\sim 5 m^3/h$，开启螺杆泵将纯油泵入测量管中，在测量管段对所设计的 X 射线多相流系统进行了实验测试。测得的纯油多道能谱图如图 4-44 所示，该图反映了高、低能级 X 射线穿过纯油后射线的能量分布。

实验用水选择自来水。在常温常压下向搅拌罐中加入自来水，泵的排量不变，开启螺杆泵将水泵入循环管道中，在测量管段测得纯水条件下的多道能谱图如图 4-45 所示。测量纯气的多道能谱图时，关闭油水搅拌罐阀门，打开空气压缩机泵入空气，排量与螺杆泵排量设置相同，测得纯气多道能谱图如图 4-46 所示。这两个多道能谱图反映了高、低能级 X 射线穿过纯水和纯气介质后射线的能量分布。

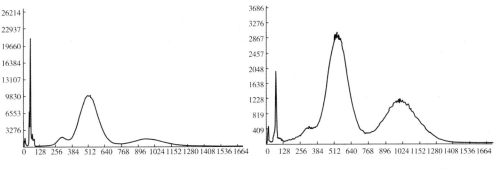

图 4-44　纯油条件下多道能谱图　　　　图 4-45　纯水条件下多道能谱图

对油气水混合物多道能谱进行测量：在常温常压下，向搅拌罐中加入准备好的一定比例的油水混合物，开启螺杆泵将油水混合物泵入测量管中；同时开启空气压缩机将气体吸入，并调节开关使空气流量达到预想值。根据加入的油水量和流量计读数计算得出实际油、气、水含率分别为 54.6%、9.0%、36.4%。测得油、气、水混合物多道能谱图如图 4-47 所示。

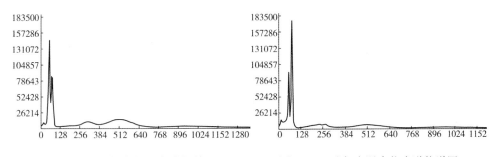

图 4-46　纯气条件下多道能谱图　　　　图 4-47　油气水混合物多道能谱图

根据本章第 2 节公式(4-16)~式(4-18)，分别计算出油气水多相流相含率，再根据本章第 3 节仿真曲线对结果进行校正得到测量值。重复以上实验 6 次，测得的一组实验数据如表 4-6 所示。表中数据包括实际值、测量值和绝对误差，相含率最大绝对误差为 4.1%，可满足测量要求。同样的方法还可以对不同相含率下的油气水多相流进行 X 射线测量实验。

表 4-6 X 射线多相流相含率测量结果及误差

序号	实际值/%			测量值/%			绝对误差/%		
	含油率	含气率	含水率	含油率	含气率	含水率	含油率	含气率	含水率
1	54.6	9.0	36.4	54.0	10.9	35.1	-0.6	1.9	-1.3
2	54.6	9.0	36.4	53.1	9.2	37.7	-1.5	0.2	1.3
3	54.6	9.0	36.4	56.7	10.7	32.6	2.1	1.7	-3.8
4	54.6	9.0	36.4	52.2	13.1	34.7	-2.4	4.1	-1.7
5	54.6	9.0	36.4	58.1	7.6	34.3	3.5	-1.4	-2.1
6	54.6	9.0	36.4	51.9	10.3	37.8	-2.7	1.3	1.4
平均值	54.6	9.0	36.4	54.3	10.3	35.4	-0.3	1.3	-1.0

第5章 生产井多相流信号预处理方法

在前面章节介绍的电学法、X射线法等多相流测量方法中,测量信号的时域和频域等信号特征均与多相流分相含率、流型等参数以及多相流动力学特性密切相关,然而多相流测量信号受多相流动形态的影响随机变化具有非平稳信号特征,同时在复杂井场噪声背景中多相流测量信号极其微弱,因此对生产井多相流信号进行去噪、幅度估计、多尺度分析等预处理是生产井多相流测量必不可少的重要环节,对于提高多相流测量精度具有重要意义。

第1节 生产井噪声背景分析

在石油勘探开发过程中,生产井场中的电磁噪声对人身、环境以及作业安全可能造成严重危害。尤其是,噪声干扰严重影响了测量仪器的输出,使得各种传感器的输出非常微弱,完全被淹没在噪声背景中,导致无法达到有效的测量和控制精度,严重干扰了正常的生产和决策,因此研究和分析生产井场中存在的噪声源及模型对生产井多相流测量具有非常重要的意义。

一、生产井噪声源概述

由于油气开采和生产的需要,井场存在注水泵、抽油机、抽油泵、潜油泵等大量动力设备,仪器车、变压器、电机控制器等电气设备以及动力、电力管线网等。动力设备、电气设备以及动力、电力管线网在井场及其附近会产生大量井场噪声,它们构成了生产井场的主要噪声源。

按照井场噪声源的种类不同,井场噪声可分为以下几类:①背景噪声,它是由井场周围的各种电气设备产生的大量噪声源叠加形成的,其统计特性在较长时间内保持稳定,可认为是平稳随机噪声;②工频干扰,主要由电气设备的电源产生,在动力电源开启后产生;③周期性脉冲噪声,通常由变压器、电机控制器等设备产生;④窄带噪声,主要由井场中的高频电气设备(如广播、中短波接收机等)辐射电磁波产生,一般为调制正弦信号;⑤低频噪声,主要由动力设备工作过程中,部件之间的振动、冲击、碰撞等产生;⑥随机脉冲噪声,主要是由生产井场中变压器、电机控制器等电力设备不断开关和启停产生的,具有突发性和随机性。

由于井场设备仪器的分布比较分散、工作状态不定,井场的动力线管网、动力设备等不断开关和启停等造成的噪声和干扰,将通过耦合和辐射方式直接加载在生产井多相流检测信号上,导致检测信号杂乱无章、毫无规律,因此通过分析生产井场噪声源及噪声模型可以减少噪声对测量信号的影响。

二、生产井噪声模型及分析

生产井场中由于存在大量的动力管网、动力设备以及电气设备,噪声类型相对较多,下面主要分析几种生产井场常见噪声类型。

1. 高斯噪声模型

上述井场噪声源中由井场周围的各种电气设备产生的大量噪声源叠加形成的背景噪声和由动力设备部件之间的振动、冲击、碰撞等产生的低频噪声,经过叠加、混合后,其统计特性通常满足高斯噪声模型。

高斯噪声是一种广泛存在的噪声,满足 $N(\mu,\sigma^2)$ 高斯分布的噪声具有如下概率密度函数:

$$p(x)=\left(\frac{1}{2\pi\sigma^2}\right)^{1/2}\exp\left[-\frac{(x-\mu)^2}{2\sigma^2}\right] \tag{5-1}$$

2. 脉冲噪声模型

上述噪声源中由生产井场中变压器、电机控制器等电力设备不断开关、启停、工作时产生的周期性和随机性的噪声,具有突发性和随机性,属于脉冲噪声。

脉冲噪声概率密度函数为:

$$p(x)=\begin{cases} p_1, & x=a \\ p_2, & x=b \\ 0, & 其他 \end{cases} \tag{5-2}$$

式中,a 和 b 对应 x 的极大值和极小值;当 p_1 或者 p_2 为零时,则脉冲噪声为单极性脉冲;当 p_1、p_2 均不为零时,则脉冲噪声为双极性脉冲。

3. 窄带高斯噪声模型

上述由井场中的高频电气设备(如广播、中短波接收机等)辐射电磁波产生的噪声源,一般为调制正弦信号,通常为窄带噪声。

窄带噪声 $n(t)$ 通常可表示为:

$$\begin{aligned}n(t)&=a_n(t)\cos[2\pi f_0 t+\theta_n(t)] \\ &=n_R(t)\cos 2\pi f_0 t - n_I(t)\sin 2\pi f_0 t\end{aligned} \tag{5-3}$$

式中，$n_R(t) = a_n(t)\cos\theta_n(t)$；$n_I(t) = a_n(t)\sin\theta_n(t)$。

设噪声 $n(t)$ 是零均值平稳随机高斯过程，且满足 $N(0, \sigma^2)$ 分布，则 $n_R(t)$ 和 $n_I(t)$ 也为满足 $N(0, \sigma^2)$ 分布的平稳随机高斯过程，则该噪声 $n(t)$ 满足窄带高斯噪声模型。

高斯窄带噪声 $n(t)$ 的包络 $a_n(t)$ 和相位 $\theta_n(t)$ 的概率密度函数分别如下：

$$p(a_R) = \begin{cases} \dfrac{a_n}{\sigma^2}\exp\left(-\dfrac{a_n^2}{2\sigma^2}\right), & a_n \geq 0 \\ 0, & a_n < 0 \end{cases} \tag{5-4}$$

$$p(\theta_R) = \begin{cases} \dfrac{1}{2\pi}, & -\pi \leq \theta_n \leq \pi \\ 0, & \theta_n \leq -\pi, \theta_n \geq \pi \end{cases} \tag{5-5}$$

由式(5-4)、式(5-5)可知，窄带噪声的包络服从瑞利分布，随机相位在 $(-\pi, \pi)$ 区间服从均匀分布。

4. 对数正态分布噪声模型

对数正态分布是介于 Γ 和正态分布之间的一种重要分布，在石油领域中有着重要的应用。对数正态分布的概率密度函数如下：

$$p(x) = \dfrac{1}{x\sigma\sqrt{2\pi}}\exp\left[-\dfrac{(\ln x-\mu)^2}{2\sigma^2}\right], \quad x > 0 \tag{5-6}$$

其均值和方差分别为：

$$E(X) = e^{\mu + \frac{\sigma^2}{2}} \tag{5-7}$$

$$D(X) = (e^{\sigma^2} - 1)e^{2\mu + \sigma^2} \tag{5-8}$$

5. 瑞利噪声模型

单变量瑞利分布噪声的概率密度函数如下：

$$p(x) = \begin{cases} \dfrac{x}{\sigma^2}\exp\left(-\dfrac{x^2}{2\sigma^2}\right), & x \geq 0 \\ 0, & x < 0 \end{cases} \tag{5-9}$$

其均值和方差分别为：

$$E(X) = \sqrt{\dfrac{\pi}{2}}\sigma \tag{5-10}$$

$$D(X) = \dfrac{4-\pi}{2}\sigma^2 \tag{5-11}$$

设 $X = [x_1, x_2, \cdots, x_n]$ 是 n 维向量，$x_1, x_2, \cdots, x_n$ 之间相互独立且均满足同一瑞利分布，则多元联合瑞利分布的概率密度函数为：

$$p(X) = \sum_{i=1}^{n} f(x_i) = \frac{|Y|}{|\Sigma|} \exp\left(-\frac{x \cdot \Sigma^{-1} \cdot x^T}{2}\right) \qquad (5-12)$$

式中，Y 是以 x_1，x_2，…，x_n 为对角线组成的 $n \times n$ 的对角阵；Σ 是以 σ_1^2，σ_2^2，…，σ_n^2 为对角线组成的 $n \times n$ 的对角阵。则有：

$$\ln f(X) = \sum_{i=1}^{n} \ln x_i - \sum_{i=1}^{n} \ln \sigma^2 - \frac{1}{2} \sum_{i=1}^{n} x_i^2 / \sigma^2 \qquad (5-13)$$

第2节　生产井噪声背景中的 EMD 理论

经验模态分解 EMD（Empirical mode decomposition）法由 Huang 于 1998 年提出，它是一种适用于分析和处理非线性、非平稳随机信号的方法。EMD 方法不同于以往的分析方法，没有固定的先验基底，是一种自适应的多尺度分解方法。它利用信号本身的时间尺度特征，通过一定的筛选条件将非平稳信号中不同信号尺度的波动或趋势逐级分解为若干个固有模态函数（Intrinsic Mode Function，简称 IMF）和一个余项。

一、EMD 基本原理及存在问题

1. EMD 基本原理

Huang 定义的以时间尺度为特征的 IMF，必须满足如下两个条件：

（1）在整个数据序列中，极值点个数与过零点个数必须相等或者最多相差一个。

（2）任意时刻，由局部极大值点定义的上包络线和由局部极小值点定义的下包络线之间的均值为零。

条件（1）与传统窄带相对应，条件（2）表示信号内在的波动模式。EMD 算法是在定义 IMF 的基础上，通过筛选过程（siffing proeess）迭代求解各个 IMF，因此不需要任何序列和分解基的先验知识，克服了其他时频分析方法的缺陷。

EMD 方法的步骤如下：

（1）求出原始时间序列 $x(t)$ 的所有局部极值点，然后用三次样条插值得到上包络线和下包络线，求上下包络线的平均值 $m(t)$。

（2）令

$$h_1(t) = x(t) - m(t) \qquad (5-14)$$

若 $h_1(t)$ 不满足 IMF 的两个条件，则将 $h_1(t)$ 作为待处理的时间序列，重复步骤（1）（2），直至 $h_1(t)$ 为一个基本模式分量，记为 $c_1(t) = h_1(t)$。

(3) 从 $x(t)$ 中去掉第一个 IMF，得：
$$r_1(t)=x(t)-c_1(t) \tag{5-15}$$
(4) 将 $r_1(t)$ 作为新的原始时间序列，重复(1)(2)(3)求出第二个 IMF，记为 $c_2(t)$。

(5) 重复上述步骤可依次分解得到：
$$\begin{cases} r_3(t)=r_2(t)-c_3(t) \\ r_4(t)=r_3(t)-c_4(t) \\ \vdots \qquad \vdots \\ r_n(t)=r_{n-1}(t)-c_n(t) \end{cases} \tag{5-16}$$

直至满足筛选停止条件（S_d 通常取 0.2~0.3）：
$$S_d = \sum_{t=0}^{T} \frac{|h_{1(k-1)}(t)-h_{1k}(t)|^2}{h_{1k}^2(t)} \tag{5-17}$$

最后剩余的 $r_n(t)$ 即为原始信号的残差。

信号 $x(t)$ 可表示如下：
$$x(t)=\sum_{i=1}^{n}c_i(t)+r_n(t) \tag{5-18}$$

2. 噪声背景下 EMD 法存在的问题

EMD 方法在处理非线性、非平稳信号方面存在一定优势，但是 EMD 算法在噪声背景中应用时，还存在以下几个问题：

1) 边界效应

在进行样条插值时存在外延拓插值，因此在数据的两端存在一定误差，影响各 IMF 的结果。为减小边界效应的影响，通常采用边界延拓法、自回归模型法、神经网络法等方法。

2) 模态混叠

由于 EMD 方法采用三次样条插值法计算信号的包络和均值，当信号中存在瞬态信号、脉冲噪声、随机噪声时，该算法计算的包络为上述噪声的局部包络和真实信号的包络组合，从而使得经过筛选出的 IMF 中将同时包含固有模式和噪声，即出现了模态混叠。

3) 过分解

EMD 算法的终止条件选择没有适用于任何信号的通用标准，N. E Huang 先后采用了 3 种内模式分量终止条件，而当 EMD 算法的终止条件选择不合适时，会造成原始信号的过分解，产生伪分量，即分解出的 IMF 不是原信号的分量或者是对系统而言无物理意义的分量，在实际应用时，通常采用的是以上 3 种终止条件的综合，以减小过分解的影响。

二、生产井噪声背景中的 EMD 模态混叠现象分析

在生产井采油现场,由于存在大量的动力管网、动力设备以及电气设备,在井场及其附近会产生大量井场噪声。其噪声的类型主要有高斯噪声、脉冲噪声、随机干扰等。下面将研究上述噪声环境对信号进行 EMD 分解的影响。

设包含随机脉冲噪声的正弦信号表达式为:

$$s(t)=A\sin(2\pi ft)+A_p \cdot p(t) \qquad (5-19)$$

当 $p(t)$ 为随机脉冲噪声,幅度 $A_p=0.2\text{V}$,正弦信号频率 $f=120\text{Hz}$,幅度 $A=1\text{V}$,信噪比 $\text{SNR}=32.86\text{dB}$ 时,对 $s(t)$ 进行 EMD 分解,$s(t)$ 和前 4 个 IMF 如图 5-1 所示。在图 5-1 中,含有随机脉冲噪声的正弦信号经过 EMD 分解后,IMF1 中既包含了正弦信号又包含了脉冲噪声成分,产生了典型的模态混叠现象。

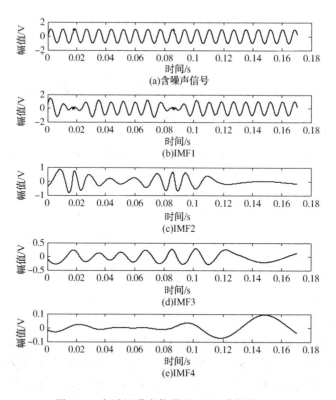

图 5-1 含随机噪声信号及 EMD 分解的 IMF

当 $p(t)$ 为周期脉冲噪声时,幅度 $A_p=0.3\mathrm{V}$,原始正弦信号参数不变(SNR = 20.06dB)。对 $s(t)$ 进行 EMD 分解,$s(t)$ 和前 4 个 IMF 如图 5-2 所示。在图 5-2 中,$s(t)$ 分解后的 IMF1 和 IMF2 中均包含了正弦信号及噪声干扰成分,产生了模态混叠现象。

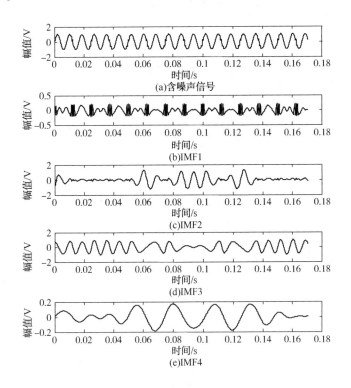

图 5-2 含周期脉冲噪声信号及 EMD 分解的 IMF

设含有高斯白噪声和周期脉冲噪声的原始信号如下:

$$s(t)=A\sin(2\pi ft)+A_p\cdot p(t)+A_n\cdot n(t) \quad (5-20)$$

当 $p(t)$ 为周期脉冲噪声,幅度 $A_p=0.4\mathrm{V}$,$n(t)$ 为归一化高斯白噪声,幅度 $A_n=0.15\mathrm{V}$,正弦信号频率 $f=120\mathrm{Hz}$,幅度 $A=1\mathrm{V}$(SNR = 12.02dB)时,对 $s(t)$ 进行 EMD 分解,$s(t)$ 和前五个 IMF 如图 5-3 所示。在图 5-3 中,IMF1~IMF3 基本为高斯白噪声分量,IMF4 和 IMF5 中既包含了正弦信号又包含了部分噪声干扰,也产生了模态混叠现象。

由上述仿真可知,无论在随机脉冲噪声还是周期脉冲噪声和混合噪声干扰下,EMD 分解过程中均发生了有用信号和噪声的模态混叠现象。下面研究 EMD 法在信号预处理中的应用以及模态混叠现象对生产井多相流信号预处理效果的影响。

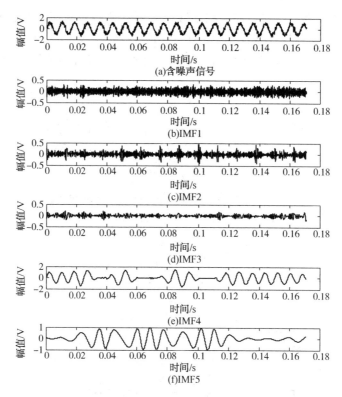

图 5-3　含混合噪声信号及 EMD 分解的 IMF

第 3 节　基于 EMD 的生产井多相流信号预处理方法

一、EMD 去噪算法及滤波效果分析

EMD 方法不同于以往的分析方法，没有固定的先验基底，是一种自适应的多尺度分解方法，因此在处理非线性、非平稳信号方面具有一定的优势。自 EMD 方法出现后，它在分析和处理非线性、非平稳信号方面取得了不少成果。

1. EMD 去噪算法

EMD 消噪的基本思路是：对 EMD 分解后的固有模态函数 IMF，利用直接抽取法、阈值法等从中选择若干个 IMF，进行信号重构，从而达到滤除噪声的目的。通常包含噪声的信号经 EMD 分解后，前几个 IMF 中包含了大部分噪声，其后的 IMF 中信号占主要成分，同时还包含少量噪声。对这些 IMF 分量采用 Savitzky-Golay 滤波器降噪后再进行信号重构，可以达到更好地降低噪声的目的。基于 EMD 的去噪算法流程如图 5-4 所示，其步骤如下：

（1）对含有噪声的原始信号 $s(t)$ 进行 EMD 分解，得到 n 个 IMF 模态分量和 1 个残差项 $r_n(t)$；

（2）计算每个 IMF 模态分量与原始信号 $s(t)$ 的互相关系数：

$$\rho_{sIMF_i}(t_j, t_k) = \frac{C_{sIMF_i}(t_j, t_k)}{\sigma_s(t_j) \cdot \sigma_{IMF_i}(t_k)} \quad (5-21)$$

（3）依据互相关系数 $\rho_{sIMF_i}(t_j, t_k)$ 确定重构信号的 IMF 起点 k_1；

（4）对第 k_1 级 IMF 之后的模态分量采用 Savitzky-Golay 滤波器进行滤波；

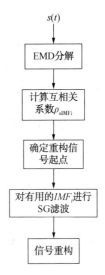

图 5-4　EMD 去噪算法检测流程

（5）对经过滤波后的 IMF 模态分量重构原信号：

$$x(\hat{t}) = \sum_{i=k_1}^{n} IMF_i + r_n(t) \quad (5-22)$$

2. 混合噪声背景中的 EMD 滤波效果分析

采用 Matlab 中的 wnoise 函数产生"Blocks""Bumps""Heavysine""Doppler"4 类具有典型特征的测试样本，4 类测试信号如图 5-5 所示。添加高斯白噪声和高频随机脉冲噪声，则包含噪声的 4 类测试信号如图 5-6 所示。采用 EMD 算法对图 5-6 中的 4 种测试信号进行滤波，结果如图 5-7 所示。对图 5-6 中的 4 种测试信号分别采用中值滤波器进行滤波，结果如图 5-8 所示。对图 5-6 中包含噪声的 4 种测试信号分别采用"db6"小波基进行软阈值滤波，结果如图 5-9 所示。

比较图 5-7 和图 5-8 可知，相比中值滤波法，采用 EMD 算法滤波后的 4 种测试信号比较光滑，毛刺较少。图 5-6(a) 中 Blocks 信号输入信噪比 $SNR_i = -4.57dB$，采用 EMD 法滤波后，信噪比提高到 $SNR_{o\_E} = 7.99dB$；采用中值滤波法滤波后，信噪比提高到 $SNR_{o\_M} = 7.63dB$。图 5-6(b) 中的 Bumps 信号输入信噪比 $SNR_i = -2.81dB$，采用 EMD 法滤波后，信噪比提高到 $SNR_{o\_E} = 7.90dB$；采用中值滤波法滤波后，信噪比提高到 $SNR_{o\_M} = 7.92dB$。图 5-6(c) 中的 Heavysine 信号输入信噪比 $SNR_i = -3.24dB$，采用 EMD 法滤波后，信噪比提高到 $SNR_{o\_E} = 12.59dB$；采用中值滤波法滤波后，信噪比提高到 $SNR_{o\_M} = 10.01dB$。图 5-6(d) 中的 Doppler 信号输入信噪比 $SNR_i = -3.36dB$，采用 EMD 法滤波后，信噪比提高到 $SNR_{o\_E} = 8.90dB$；采用中值滤波法滤波后，信噪比提高到 $SNR_{o\_M} = 8.04dB$。

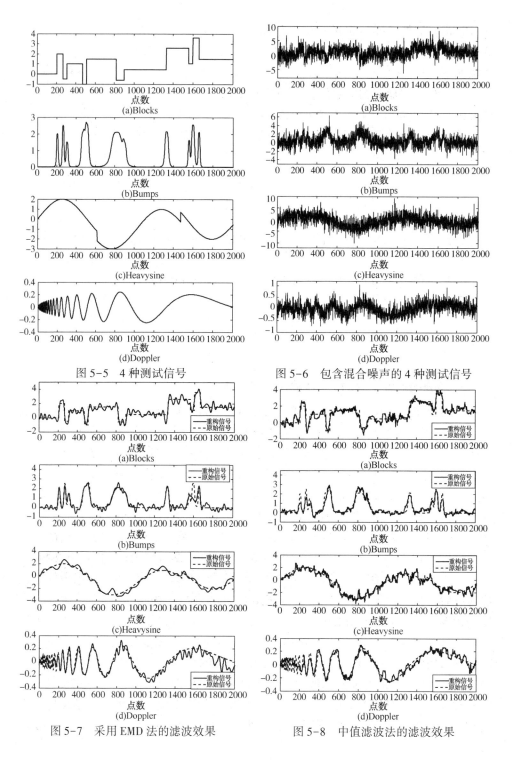

图 5-5 4 种测试信号

图 5-6 包含混合噪声的 4 种测试信号

图 5-7 采用 EMD 法的滤波效果

图 5-8 中值滤波法的滤波效果

由上述仿真结果可知，对于混合高斯噪声背景中的"Blocks""Bumps""Heavysine""Doppler"4类测试信号，从总体滤波效果来看，采用EMD法的滤波效果优于采用中值滤波法的滤波效果。

比较图5-7和图5-9可知，(a)中Blocks信号输入信噪比 SNR_i = -4.57dB，采用EMD法滤波后，信噪比提高到SNR_{o_E} = 7.99dB；采用"db6"小波基滤波后，信噪比提高到SNR_{o_W} = 8.23dB。(b)中Bumps信号输入信噪比 SNR_i = -2.81dB，采用EMD法滤波后，信噪比提高到SNR_{o_E} = 7.90dB；采用"db6"小波基滤波后，信噪比提高到SNR_{o_W} = 8.23dB。(c)中Heavysine信号输入信噪比SNR_i = -3.24dB，采用EMD法滤波后，信噪比提高到SNR_{o_E} =

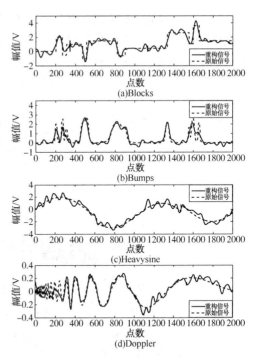

图5-9 小波法的滤波效果

12.59dB；采用"db6"小波基滤波后，信噪比提高到SNR_{o_W} = 11.88dB。(d)中Doppler信号输入信噪比 SNR_i = -3.36dB，采用EMD法滤波后，信噪比提高到SNR_{o_E} = 8.90dB；采用"db6"小波基滤波后，信噪比提高到SNR_{o_W} = 8.53dB。由上述仿真结果可知，对于混合高斯噪声背景中的"Blocks""Bumps""Heavysine""Doppler"4类测试信号，对于"Blocks"和"Bumps"信号，采用"db6"小波的滤波效果略优于采用EMD法的滤波效果；对于"Heavysine"和"Doppler"信号，EMD法的滤波效果略优于采用"db6"小波的滤波效果。从总体滤波效果来看，EMD法和小波法相比没有优势，但由于小波滤波效果受小波基、分解层数、阈值估算方法等因素的影响较大，通常需要经过多次调试才能达到较好的效果，而EMD法无须选择基函数，具有很好的自适应性，因此EMD法在实际应用领域中更实用。

二、基于EMD的生产井多相流信号预处理效果分析

在室内生产井油气水多相流模拟实验系统中，采集了电学法多相流测量信号，如图5-10所示。将采集的多相流测量信号加入模拟的生产井场混合噪声（图5-11），以模拟生产井实际多相流测量信号。对包含混合噪声的测量信号采用EMD算法降噪处理，结果如图5-12所示。当测量信号的输入信噪比 SNR_i =

-2.24dB 时,采用 EMD 法降噪后,信噪比提高到 $\text{SNR}_{\text{o\_E}} = 8.90\text{dB}$,多相流测量信号平均幅度估计值为 $A_{\text{M\_E}} = 0.8294\text{V}$,根据式(3-12)计算可得,含水率平均值 $\text{watercut}_{\text{\_M\_E}} = 92.86\%$,相对误差:$\text{err}_{\text{\_E}} = -4.63\%$。

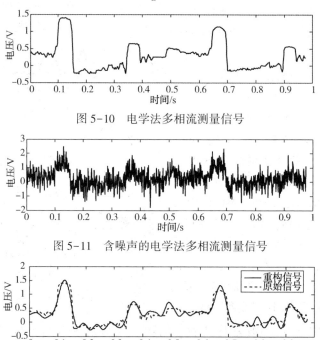

图 5-10　电学法多相流测量信号

图 5-11　含噪声的电学法多相流测量信号

图 5-12　EMD 法滤波后的多相流测量信号

不同含水率下,采用 EMD 法的多相流含水率测量结果如表 5-1 所示。由表 5-1 可以看出,含水率在 80%~100% 范围内,电学法多相流测量信号的输入信噪比在 $-2 \sim -3\text{dB}$ 范围内;采用 EMD 法降噪后,信噪比提高了 10.6~12dB,对应的含水率平均误差约为 4.71%,含水率最大测量误差小于 6%。

表 5-1　EMD 法的多相流含水率测量结果

序号	$\text{watercut}_{\text{T}}/\%$	SNR_i/dB	$\text{SNR}_{\text{o\_E}}/\text{dB}$	$A_{\text{M\_E}}/\text{V}$	$\text{watercut}_{\text{\_M\_E}}/\%$	$\text{err}_{\text{\_E}}/\%$
1	97.37	-2.24	8.90	0.8294	92.86	-4.63
2	93.54	-2.85	9.08	0.8731	96.19	2.83
3	91.20	-2.03	8.58	0.7408	85.78	-5.94
4	85.79	-2.17	9.05	0.7893	89.72	4.58
5	80.93	-2.73	8.52	0.6295	76.16	-5.58

注:$\text{watercut}_{\text{T}}$ 为实际含水率;$\text{watercut}_{\text{\_M\_E}}$ 为 EMD 法的测量含水率;SNR_i 为输入信噪比;$\text{SNR}_{\text{o\_E}}$ 为 EMD 法滤波后的输出信噪比;$\text{err}_{\text{\_E}}$ 为 EMD 法含水率测量的相对误差;$A_{\text{M\_E}}$ 为 EMD 法脉冲幅度测量值。

第4节 基于 SK 和 EEMD 的融合算法

由上一节的仿真可知,对于混合高斯噪声背景中的"Blocks""Bumps""Heavysine""Doppler"4 类测试信号,EMD 法具有无须选择基函数、自适应性好等优点,但在滤波效果上与小波法相比没有明显优势。主要原因是,强噪声导致 EMD 分解过程中出现了严重的模态混叠现象,有用信号和噪声混合在同一模式中,影响该方法的滤波效果,因此减少模态混叠具有非常重要的意义。

一、EEMD 基本理论

1. EEMD 的原理及算法

Huang 经过对大量噪声的 EMD 分解发现,白噪声经过 EMD 分解后,各种频率成分将被有规律地分离,除第一个 IMF 外,其余的每个 IMF 的功率谱都呈出相同的带通特性,且前一个 IMF 的平均频率近似等于其后一个的 2 倍。如果信号不是纯白噪声时,那么它们缺失某些分量,从而发生模态混叠。在对白噪声进行 EMD 分解研究的基础上,WU 等在 2009 年提出了利用噪声辅助分析的集成经验模式分解(Ensemble Empirical Mode Decomposition,简称 EEMD)方法。该方法利用 EMD 对高斯白噪声的二进制滤波特性以及不同白噪声序列对应的 IMF 之间的不相关性,通过在待分析信号中添加白噪声,使信号在不同尺度上具有连续性,以减小模态混叠的程度。

EEMD 分解的具体步骤如下:

(1)向待分析信号 $s(t)$ 中加入高斯白噪声序列 $\sigma n(t)$,则有:

$$s_1(t) = s(t) + \sigma n(t) \tag{5-23}$$

(2)对 $s_1(t)$ 进行 EMD 分解,得到 IMF 分量 $C_{1j}(t)(j=1,2,\cdots,n)$ 和余项 $r_{1n}(t)$,则:

$$s_1(t) = \sum_{i=1}^{n} C_{1j}(t) + r_{1n}(t) \tag{5-24}$$

(3)重复步骤(1)N 次,每次加入不同的高斯白噪声序列。

(4)重复步骤(2),对加入高斯白噪声序列的信号进行 EMD 分解,则有:

$$s_i(t) = \sum_{i=1}^{n} C_{ij}(t) + r_{in}(t) \tag{5-25}$$

(5)将上述每次分解得到的 IMF 对应求平均,由于白噪声的不相关性,其统计平均值为零,因此最终得到的 IMF 为:

$$C_j = \frac{1}{N} \sum_{i=1}^{N} C_{ij} \tag{5-26}$$

2. EEMD 法消除模态混叠的效果分析

设式(5-19)中的信号频率 $f=120\text{Hz}$,幅度 $A=1\text{V}$,高斯调制正弦脉冲噪声幅度 $A_p=0.2\text{V}$,则输入信噪比 $\text{SNR}_i=32.86\text{dB}$。分别对包含随机脉冲噪声的信号 $s(t)$ 进行 EMD 和 EEMD 分解,$s(t)$ 和前4个 IMF 如图5-13和图5-14所示。在图5-13中,含有脉冲噪声的正弦信号经过 EMD 分解后,IMF1 中既包含了正弦信号又包含了脉冲噪声成分,产生了典型的模态混叠现象。这一结果使得噪声和有用信号无法很好地实现分离,严重影响了信号的重构质量。在图5-14中,含有脉冲噪声的正弦信号经过 EEMD 分解后,IMF1 对应原信号 $s(t)$ 中的脉冲噪声,IMF2 对应正弦信号 $x(t)$。显然,EEMD 克服了 EMD 分解中脉冲噪声和正弦信号的模态混叠现象,实现了脉冲噪声和固有模态之间的完全分离。

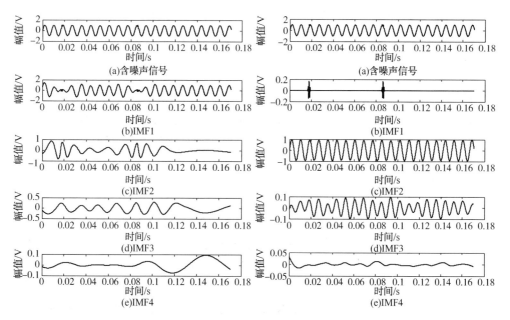

图 5-13 含噪声信号及 EMD 分解的 IMF   图 5-14 含噪声信号及 EEMD 分解的 IMF

上述正弦信号参数不变,增大式(5-19)中的脉冲幅度,当 $A_p=1.1\text{V}$,输入信噪比 $\text{SNR}_i=18.05\text{dB}$ 时,对 $s(t)$ 进行 EEMD 分解,$s(t)$ 和前4个 IMF 如图5-15所示。在图5-15中,IMF1 对应原信号 $x(t)$ 中的脉冲噪声,IMF2 中同时包含正弦信号和部分脉冲噪声,出现了图5-13中 EMD 分解中的模态混叠现象。上述仿真结果表明,当脉冲噪声幅度较低时,EEMD 方法通过加入高斯白噪声可以克服模态混叠;而当脉冲噪声幅度较大(略大于信号幅度)时,EEMD 方法则无法很好地抑制模态混叠,有用信号与部分脉冲噪声也发生了模态混叠,这将导致信号与噪声不能完全分离,影响了 EEMD 方法的消噪效果。在实际工程测试领域中,通常有用信号幅度低于噪声幅度,信噪比往往较低,此时仅仅采用 EEMD 方法,无法完全消除模态混叠。

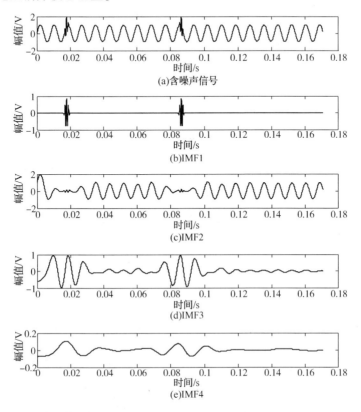

图 5-15 含噪声信号及 EEMD 分解的 IMF

二、SK 快速算法

谱峭度是一种统计工具,Dwyer 在 1983 年首次提出了谱峭度(Spectral Kurtosis,简称 SK)法,它是功率谱的补充,用于检测和提取信号中的瞬态现象。Antoni 于 2006 年对谱峭度法进行了深入研究,给出了其数学定义,并将其应用到机械故障的诊断中。对于任意的非平稳序列 $r(t)$,根据 Wold-cramer 分解可表示为由信号 $e(t)$ 激励的系统响应,具有如下形式:

$$r(t) = \int_{-\infty}^{\infty} e^{j2\pi ft} H(t, f) \mathrm{d}E(f) \tag{5-27}$$

式中,$H(t, f)$ 为系统时变传递函数,也即信号 $r(t)$ 在频率 f 处的复包络;$E(f)$ 为 $e(t)$ 的傅氏变换。

$r(t)$ 的四阶谱累积量为：

$$C_{4R}(f) = S_{4R}(f) - 2S_{2R}^2(f), \quad f \neq 0 \tag{5-28}$$

式中，$S_{2R}(f)$ 为 2 阶谱瞬时距，$S_{2R}(f) = E[|H(t,f)dE(f)|^2]/df$。

用归一化累积量表示的谱峭度 SK 定义如下：

$$K_R(f) = \frac{C_{4R}(f)}{S_{2R}^2(f)} = \frac{S_{4R}(f)}{S_{2R}^2(f)} - 2, \quad f \neq 0 \tag{5-29}$$

设包含高斯噪声的待分析信号 $s(t)$ 为：

$$s(t) = y(t) + n(t) \tag{5-30}$$

式中，$n(t)$ 为独立于 $y(t)$ 的高斯噪声；$y(t)$ 为瞬态信号，则 $s(t)$ 和 $y(t)$ 的谱峭度存在如下关系：

$$K_S(f) = \frac{K_Y(f)}{[1+1/\rho(f)]^2}, \quad f \neq 0 \tag{5-31}$$

式中，$K_S(f)$、$K_Y(f)$ 分别为信号 $s(t)$ 和 $y(t)$ 的谱峭度；$\rho(f)$ 为功率信噪比，$\rho(f) = S_{2Y}(f)/S_{2N}(f)$。

由式(5-31)可知，在信噪比 $\rho(f)$ 很高的频率处，$K_S(f) \approx K_Y(f)$；在噪声很强的频率处，$K_S(f) \approx 0$。因此，计算整个频域空间的峭度值即可检测出非高斯瞬态信号 $y(t)$。

相关文献指出，式(5-27)中的 $e^{j2\pi ft}H(t,f)dE(f)$ 是 t 时刻无限带通滤波器在中心频率 f 上的输出，因此 $r(t)$ 是理想无限窄带滤波器组的输出。谱峭度 SK 则是式(5-27)中理想窄带滤波器组的输出在频率 f 处计算的峭度值，等效于在给定频率 f 上平方包络 $|H(t,f)dE(f)|^2$ 的峰值。因此基于谱峭度法的瞬态信号检测问题就转换为基于谱峭度的最优带通滤波器设计。

设式(5-30)中的 $y(t)$ 为幅度为 2.0V 的周期脉冲，脉冲间隔频率为 150Hz，$n(t) \sim N(0,1)$ 是标准正态分布噪声。应用相关文献中 SK 的计算方法设计最优滤波器参数，原始信号、滤波后的信号和频谱如图 5-16 所示。

在图 5-16(a)中，原始信号 $s(t)$ 中高斯白噪声和周期脉冲信号完全混叠在一起，无法判断是否含有周期脉冲信号。在图 5-16(b)中，经过最优带通滤波器滤波后，出现清晰的周期脉冲信号，并且由图 5-16(c)可以看出，滤波后的信号含有 150Hz 频率及其倍频成分，符合输入信号 $y(t)$ 的频谱特征。这就表明，利用 SK 法设计的带通滤波器很好地滤除了高斯白噪声，保留了周期脉冲成分，实现了周期脉冲信号的检测。

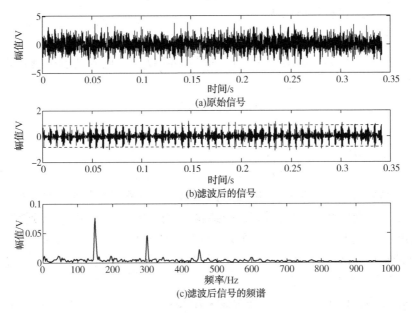

图 5-16 SK 法的滤波效果

三、基于 SK 和 EEMD 的融合算法

1. 基于 SK 和 EEMD 的融合算法

通过上述理论分析和仿真可知,EEMD 法是 EMD 的改进算法,它能够抑制幅度较低的脉冲噪声产生的模态混叠,但当信噪比较低时,EEMD 法仍然存在有用信号和噪声的混叠,影响消噪效果。为了适用低信噪比下的信号降噪,提出了 SK 法和 EEMD 法的融合去噪方法。该方法首先利用 SK 法设计最优带通滤波器,滤除待分析信号中的强脉冲噪声,再将滤波后的信号进行 EEMD 分解,依据白噪声的统计特性进行 IMF 的筛选,然后对筛选后的 IMF 进行 SG 滤波,最后利用滤波后的 IMF 进行信号重构。

含有混合噪声的原始信号如式(5-20)所示,对其进行 SK 和 EEMD 融合算法去噪的流程如图 5-17 所示,具体检测步骤如下:

(1) 对含有混合噪声干扰的信号 $s(t)$ 进行 SK 分析,设计最优带通滤波器参数。

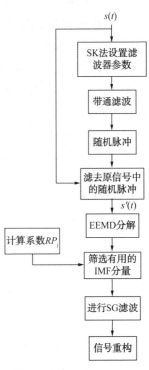

图 5-17 SK 和 EEMD 融合法消噪流程图

(2) 对 $s(t)$ 进行带通滤波。

(3) 对滤除脉冲噪声的信号 $s'(t)$ 进行 EEMD 分解。

(4) 计算每个 IMF 的能量密度 E_j 和平均周期 $\overline{T_j}$，依此判别重构 IMF 的起点，具体判别过程如下。

设各级 IMF 能量密度与其平均周期的乘积为：

$$P_j = E_j \cdot \overline{T_j}, \quad j = 1, 2, \cdots, n \tag{5-32}$$

假设系数 RP_j 为：

$$RP_j = P_j / P_{j-1}, \quad j = 2, \cdots, n \tag{5-33}$$

由于高斯白噪声经 EMD 分解后的各级 IMF 能量密度与其平均周期的乘积 P_j 为一常量，高斯白噪声一般占据较高的频段，当有用信号出现时，P_j 通常出现局部极小值点。当 $RP_j \geq 2$ 时，表明第 j 个 IMF 相对于第 $j-1$ 个 IMF 的能量密度与平均周期的乘积成倍增加，信号将代替噪声成为各级模态能量的主导，则可确定第 j 个 IMF 为重构信号的起点。

(5) 对第 j 级 IMF 之后的模态分量采用 Savitzky-Golay 滤波器进行滤波。

(6) 采用经过滤波后的 IMF 模态分量重构原信号。

2. 基于 SK 和 EEMD 融合算法的滤波效果分析

采用 Matlab 中的 wnoise 函数产生 "Blocks" "Bumps" "Heavysine" "Doppler" 4 类具有典型特征的测试样本，添加高斯白噪声和高频随机脉冲噪声，采用 SK 和 EEMD 融合算法对图 5-6 中的 4 种测试信号进行滤波，结果如图 5-18 所示。由图 5-18 可知，(a) 中 Blocks 信号输入信噪比 $SNR_i = -4.57dB$，采用 SK 和 EEMD 融合算法滤波后，信噪比提高到 $SNR_{o\_SE} = 9.51dB$；(b) 中 Bumps 信号输入信噪比 $SNR_i = -2.81dB$，采用 SK 和 EEMD 融合算法滤波后，信噪比提高到 $SNR_{o\_SE} = 9.16dB$；(c) 中 Heavysine 信号输入信噪比 $SNR_i = -3.24dB$，采用 SK 和 EEMD 融合算法滤波后，信噪比提高到 $SNR_{o\_SE} = 14.47dB$；(d) 中 Doppler 信号输入信噪比 $SNR_i = -3.36dB$，采用 SK 和 EEMD 融合算法滤波后，信噪比提高到 $SNR_{o\_SE} = 10.59dB$。

通常还采用均方误差 MSE 定量分析重构信号的效果和算法的性能，MSE 的表达式如下：

$$MSE = \frac{1}{N} \sum_{t=1}^{N} [x(t) - x(\hat{t})]^2 \tag{5-34}$$

式中，$x(t)$ 为原始信号，$x(\hat{t})$ 为重构信号。

分别采用几种常用的小波基函数 "haar" "db6" "db8" "sym4" 和 "sym6" 对图 5-6 中的包含噪声的 4 种测试信号进行滤波，结果分别如表 5-2~表 5-5 所示。

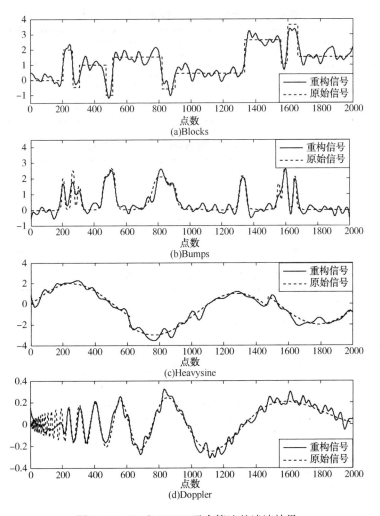

图 5-18 SK 和 EEMD 融合算法的滤波效果

从表 5-2~表 5-5 可知,"haar""db8""db10""sym4"和"sym6"5 种小波基函数对包含噪声的"Blocks""Bumps""Heavysine"和"Doppler"4 种测试信号的消噪效果均不相同。比较以上 5 种小波基函数的滤波效果,对于包含噪声的"Blocks"和"Bumps","haar"小波的滤波效果最差,"sym6"小波对包含噪声的"Blocks"滤波效果最好,"db6"对包含噪声的"Bumps"滤波效果最好;"db8"对包含噪声的"Heavysine"滤波效果最差,"sym6"对包含噪声的"Heavysine"滤波效果最好;"db6"对包含噪声的"Doppler"信号滤波效果最差,"db8"对包含噪声的"Doppler"信号滤波效果最好。由此可知,采用小波法滤波时,需要根据具体的信号选择合适的小波基函数。

表5-2　几种方法对Blocks的滤波效果比较

	haar	db6	db8	sym4	sym6	中值滤波	EMD	SK-EEMD
SNR_i/dB	-4.57	-4.57	-4.57	-4.57	-4.57	-4.57	-4.57	-4.57
SNR_o/dB	6.70	8.23	7.96	8.26	8.65	7.63	7.99	9.51
MSE	0.1756	0.1403	0.1605	0.1628	0.1379	0.1745	0.1665	0.1220

表5-3　几种方法对Bumps的滤波效果比较

	haar	db6	db8	sym4	sym6	中值滤波	EMD	SK-EEMD
SNR_i/dB	-2.81	-2.81	-2.81	-2.81	-2.81	-2.81	-2.81	-2.81
SNR_o/dB	7.54	8.23	7.83	8.15	7.80	7.92	7.90	9.16
MSE	0.1066	0.0818	0.0906	0.0843	0.0867	0.0850	0.0967	0.0693

表5-4　几种方法对Heavysine的滤波效果比较

	haar	db6	db8	sym4	sym6	中值滤波	EMD	SK-EEMD
SNR_i/dB	-3.24	-3.24	-3.24	-3.24	-3.24	-3.24	-3.24	-3.24
SNR_o/dB	12.28	11.88	11.75	12.33	12.31	10.01	12.59	14.47
MSE	0.1365	0.1418	0.1640	0.1452	0.1333	0.2243	0.1395	0.0873

表5-5　几种方法对Doppler的滤波效果比较

	haar	db6	db8	sym4	sym6	中值滤波	EMD	SK-EEMD
SNR_i/dB	-3.36	-3.36	-3.36	-3.36	-3.36	-3.36	-3.36	-3.36
SNR_o/dB	9.27	8.53	9.58	9.10	9.36	8.04	8.90	10.59
MSE	0.0024	0.0032	0.0024	0.0025	0.0025	0.0033	0.0029	0.0021

注：SNR_i为输入信噪比；SNR_o为滤波后的输出信噪比。

下面比较SK和EEMD融合算法与小波法、中值滤波法和EMD法的滤波效果。从表5-2～表5-5中可知，对包含噪声的"Blocks""Bumps""Heavysine"和"Doppler"4种测试信号，采用SK和EEMD融合算法滤波与滤波效果最好的小波法相比，信噪比提高了1～2dB；与滤波效果最差的小波法相比，信噪比提高了2～3dB。采用SK和EEMD融合算法与EMD法相比，信噪比提高了1～2dB；SK和EEMD融合算法与中值滤波法相比，信噪比提高了1～4dB。此外，对包含噪声的"Blocks""Bumps""Heavysine"和"Doppler"4种测试信号，在上述几种滤波方法中，SK和EEMD融合算法的均方误差MSE最小。因此从整体滤波效果来看，SK和EEMD融合算法具有更好的滤波效果，可用于低信噪比下非平稳信号的消噪。

第5节 基于 SK 和 EEMD 融合算法的生产井多相流信号预处理

一、基于 SK 和 EEMD 融合算法的生产井多相流信号预处理

对加入混合噪声的多相流测量信号(如图 5-11 所示)采用 SK 和 EEMD 融合算法进行滤波,结果如图 5-19 所示。对包含混合噪声的测量信号采用"sym6"小波基进行降噪,结果如图 5-20 所示。对经过 SK 和 EEMD 融合算法滤波后的测量信号,估计脉冲幅度,并根据式(3-12)计算含水率,则几种滤波方法的含水率测量结果如表 5-6 所示。从表 5-6 中可知,当测量信号的输入信噪比 $SNR_i = -2.24dB$ 时,采用"sym6"小波基降噪后,信噪比提高到 $SNR_{o\_W} = 7.52dB$,测量信号平均幅度的估计值为 $A_{M\_W} = 0.7809V$,根据式(3-12)计算可得,平均含水率 $watercut_{M\_W} = 89.05\%$,含水率相对误差 $err_{\_W} = -8.55\%$;采用 EMD 法降噪后,信噪比提高到 $SNR_{o\_E} = 8.90dB$,则测量信号平均幅度的估计值为 $A_{M\_E} = 0.8294V$,平均含水率 $watercut_{M\_E} = 92.86\%$,含水率相对误差:$err_{\_E} = -4.63\%$;采用 SK 和 EEMD 融合算法降噪后,信噪比提高到 $SNR_{o\_SE} = 9.89dB$,则测量信号平均幅度的估计值为 $A_{M\_SE} = 0.8457V$,平均含水率 $watercut_{M\_SE} = 93.35\%$,含水率相对误差 $err_{\_SE} = -3.34\%$。由上述仿真可知,对多相流测量信号采用 SK 和 EEMD 融合算法与 EMD 法、小波法相比,输出信噪比更高,含水率测量误差更小。

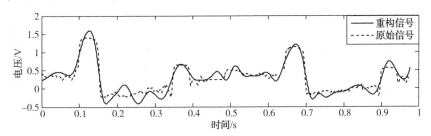

图 5-19 SK 和 EEMD 融合算法滤波后的多相流信号

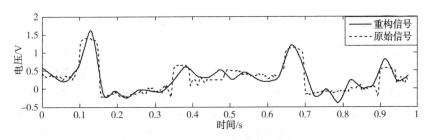

图 5-20 小波滤波后的多相流信号

表 5-6　几种方法的含水率测试结果比较

预处理方法	SNR_i/dB	SNR_o/dB	A_M/V	watercut_T/%	watercut_M/%	err/%
"sym6"小波法	-2.24	7.52	0.7809	97.37	89.05	-8.55
EMD 法	-2.24	8.90	0.8294	97.37	92.86	-4.63
SK-EEMD 法	-2.24	9.89	0.8457	97.37	93.35	-3.34

注：watercut_T 为实际含水率；watercut_M 为测量含水率；SNR_i 为输入信噪比；SNR_o 为滤波后的输出信噪比；err 为含水率测量相对误差；A_M 为脉冲幅度测量值。

在室内多相流实验系统中采集了不同含水率下的测量信号，分别采用 SK 和 EEMD 融合算法、小波法进行降噪，并估计平均脉冲幅度和计算含水率，结果如表 5-7 所示。由表 5-7 可知，含水率在 80%~100% 范围变化时，且电学法多相流测量信号的输入信噪比在 -2~-3dB 变化时，采用"sym6"小波基降噪后，信噪比提高了 9~10dB，对应的含水率测量误差平均值约为 7.74%；采用 SK 和 EEMD 融合算法降噪后，信噪比提高了 12~13dB，对应的含水率测量误差平均值约为 3.44%。由此可知，对于包含混合噪声电学法多相流测量信号，SK 和 EEMD 融合算法与小波法相比，信噪比提高了 2.5~3dB，滤波效果更好；SK 和 EEMD 融合算法与小波法相比，多相流含水率测量精度提高了约 4%，测量误差更小。

表 5-7　SK 和 EEMD 融合算法和小波法的含水率测量结果

序号	watercut_T/%	SNR_i/dB	SNR_{o_W}/dB	err_W/%	SNR_{o_SE}/dB	err_SE/%
1	96.37	-2.24	7.52	-8.55	9.89	-3.34
2	93.54	-2.85	7.16	-7.91	9.81	-3.57
3	91.20	-2.03	7.25	6.93	10.73	3.16
4	85.79	-2.17	7.30	6.49	10.27	2.97
5	80.93	-2.73	7.18	-8.80	9.69	-4.18

注：watercut_T 为实际含水率；SNR_i 为输入信噪比；SNR_{o_W}、SNR_{o_SE} 为小波法、SK 和 EEMD 融合算法的输出信噪比；err_W、err_SE 为小波法、SK 和 EEMD 融合算法的含水率测量相对误差。

二、预处理效果及分析

1. 混合噪声背景中信号预处理效果比较与分析

对包含混合噪声的"Blocks""Bumps""Heavysine""Doppler"4 种测试信号分别采用中值滤波法、EMD 法、SK 和 EEMD 融合算法和几种常见小波基滤波法进行滤波，测试结果如表 5-2~表 5-5 所示。从表 5-2~表 5-5 中可知，对包含噪声的"Blocks""Bumps""Heavysine"和"Doppler"4 种测试信号，采用 SK 和 EEMD 融合算法滤波与小波法相比，信噪比提高了 1~3dB；SK 和 EEMD 融合算法与 EMD

法相比，信噪比提高了 1~2dB；SK 和 EEMD 融合算法与中值滤波法相比，信噪比提高了 1~4dB。此外，对包含噪声的"Blocks""Bumps""Heavysine"和"Doppler"4 种测试信号，在上述几种滤波方法中，SK 和 EEMD 融合算法的均方误差 MSE 最小。因此，从整体滤波效果来看，所提出的 SK 和 EEMD 融合算法具有更好的滤波效果，可用于低信噪比下非平稳信号的消噪。

2. 生产井多相流信号预处理效果比较与分析

对生产井多相流测量信号（如图 5-11 所示）分别采用 EMD 法、"sym6"小波法、SK 和 EEMD 融合算法进行降噪和滤波，并计算含水率，结果如表 5-8 所示。由表 5-8 可知，含水率在 80%~100%范围变化时，且多相流测量信号的输入信噪比在-2~-3dB 变化时，采用 EMD 法降噪后，信噪比提高了 10.6~12dB，含水率的平均测量误差约为 4.71%，含水率最大测量误差小于 6%；采用"sym6"小波基降噪后，信噪比提高了 9~10dB，含水率的平均测量误差约为 7.74%；采用 SK 和 EEMD 融合算法降噪后，信噪比提高了 12~13dB，含水率的平均测量误差约为 3.44%。由此可知，对于包含混合噪声的生产井多相流测量信号，SK 和 EEMD 融合算法与小波法相比，信噪比提高了 2.5~3dB，滤波效果更好；SK 和 EEMD 融合算法与小波法相比，多相流含水率测量精度提高了约 4%，测量误差更小。

表 5-8 几种滤波法的含水率测量结果比较

序号	watercut_T/%	SNR_i/dB	SNR_{o_W}/dB	err_W/%	SNR_{o_E}/dB	err_E/%	SNR_{o_SE}/dB	err_SE/%
1	96.37	-2.24	7.52	-8.55	8.90	-4.63	9.89	-3.34
2	93.54	-2.85	7.16	-7.91	9.08	2.83	9.81	-3.57
3	91.20	-2.03	7.25	6.93	8.58	-5.94	10.73	3.16
4	85.79	-2.17	7.30	6.49	9.05	4.58	10.27	2.97
5	80.93	-2.73	7.18	-8.80	8.52	-5.58	9.69	-4.18

注：watercut_T 为实际含水率；SNR_i 为输入信噪比；SNR_{o_W}、SNR_{o_E}、SNR_{o_SE} 为小波法、EMD 法、SK 和 EEMD 融合算法的输出信噪比；err_W、err_E、err_SE 为小波法、EMD 法、SK 和 EEMD 融合算法的含水率测量相对误差。

第 6 节 基于 EEMD 的 HHT 生产井多相流多尺度分析

多相流动过程具有复杂性和流动型态的随机多变性，导致多相流测量信号表现为非线性、非平稳性等特征，信号中包含了复杂的、非平稳的多频谱信息。随着科学技术的发展，近年来，多相流研究领域采用小波分析、Wigner-ville 分布、经验模态分解(Empirical Mode Decomposition，简称 EMD)和混沌理论、多尺度熵及 Hilbert-Huang 变换等非线性的手段和方法研究多相流动力学特性，并取得了大量研究成果。在上述非线性分析方法中，Hilbert-Huang 变换以其自适应性强、分辨率高等优点被广泛用于非线性、非平稳随机信号的分析。Hilbert-Huang 变换采用经验模态分解，没有固定的先验基底，是一种自适应的多尺度分解方法。然而当信号中包含噪声时，EMD 分解过程中将会出现噪声与模态之间的混叠现象(见本章第 2 节)，严重影响非线性、非平稳信号 Hilbert-Huang 变换多尺度频谱特性的准确性和有效性。为避免模态混叠现象对 Hilbert-Huang 变换多尺度频谱特性的影响，采用 EEMD 进行 Hilbert-Huang 变换，研究水平管道内油气水多相流的多尺度动力学特征。首先对泡状流、塞状流和弹状流 3 种典型流型的电导波动信号进行 EEMD 分解，消除噪声与模态之间的混叠现象，然后分析各级 IMF 的能量和多尺度频谱特性。

一、基于 EEMD 的 Hilbert-Huang 变换

基于 EEMD 的 Hilbert-Huang 变换算法如下：

(1) 首先按照式(5-23)~式(5-26)对信号 $x(t)$ 进行 EEMD 分解多个本征模态函数(IMF)和一个残差项 $r_n(t)$，表达式如下：

$$x(t) = \sum_{j=1}^{n} C_j(t) + r_n(t) \tag{5-35}$$

式中，$C_j(t)$ 为第 j 级 IMF。

(2) 对式(5-35)中的每个 IMF 做 Hilbert 变换可得：

$$Y_j(t) = \frac{1}{\pi} P \int_{-\infty}^{+\infty} \frac{C_j(t)}{t - \tau} d\tau, \quad j = 1, 2, \cdots, n \tag{5-36}$$

式中，P 为柯西主值。

则有由 $C_j(t)$ 和 $Y_j(t)$ 构成如下复数：

$$Z_j(t) = C_j(t) + jY_j(t) = a_j(t) e^{j\theta_j(t)} \tag{5-37}$$

式中，瞬时相位 $\theta_j(t) = \arctan\left(\frac{Y_j(t)}{C_j(t)}\right)$，模 $a_j(t) = \sqrt{C_j^2(t) + Y_j^2(t)}$。

(3) 根据相位和瞬时频率的关系，可以得出每个 IMF 的瞬时频率，即：

$$f_j(t) = \frac{d\theta_j(t)}{dt} \tag{5-38}$$

随机信号 $x(t)$ 的 Hilbert-Huang 谱为：

$$H(w, t) = Re\left[\sum_{j=1}^{n} a_j(t) e^{j\int f_j(t) dt}\right] \tag{5-39}$$

二、基于 EEMD 的多尺度频谱特性分析

在室内油、气、水多相流模拟实验平台下(如图 2-3 所示),通过控制空气、液体的压力和流速,产生泡状流、塞状流、弹状流等不同流型,并由信号采集系统采集不同流型下的电导信号,如图 5-21 所示。

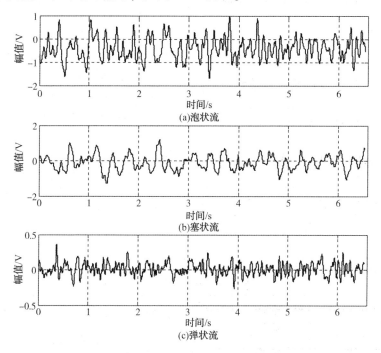

图 5-21 3 种典型流型的电导波动信号

对采集的泡状流、塞状流和弹状流 3 种流型的电导波动信号分别进行 EEMD 分解后,包含 14 个 IMF 分量和 1 个余项(见图 5-22)。每个 IMF 分量都包含了 3 种典型流型中不同频率下的特征信息,对 EEMD 分解的各级 IMF 能量作归一化处理,其归一化能量表示如下:

$$P_{IMF_j} = E_{IMF_j}/E, \quad j = 0, 1, 2, \cdots, N-1 \tag{5-40}$$

式中,E_{IMF_j} 为第 j 级 IMF 的能量,总能量 $E = \sum_{j=0}^{N-1} E_{IMF_j}$。

设各级 IMF 信号与原始信号 $x(t)$ 的相关系数为 R_{xIMF_j},表达式如下:

$$R_{xIMF_j} = \frac{Cov(x, IMF_j)}{\sqrt{Var(x)Var(IMF_j)}} \tag{5-41}$$

式中,$Cov(x, IMF_j)$ 为 $x(t)$ 与 IMF_j 的互协方差;$Var(x)$ 为原始信号 $x(t)$ 的方差;$Var(IMF_j)$ 为第 j 级 IMF 的方差。

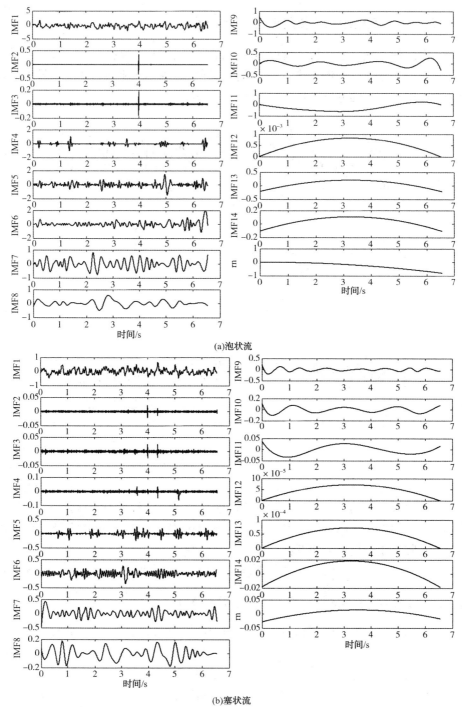

图 5-22 3 种典型流型的 EEMD 分解信号

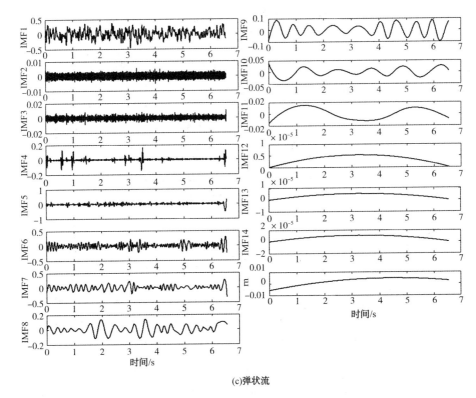

(c)弹状流

图5-22 3种典型流型的EEMD分解信号(续)

泡状流、塞状流和弹状流的电导波动信号分别进行EEMD分解后，根据式(5-40)、式(5-41)计算出它的各级IMF信号对应的归一化能量和相关系数（见表5-9~表5-11）。结合图5-22(a)和表5-9可以看出，泡状流经EEMD分解的各级IMF信号特征，IMF1与原始信号的相关性很强，信号幅度也很高，占总能量的42.25%，显然IMF1表现出了泡状流的重要特征信息，而IMF2和IMF3显然为脉冲噪声。结合图5-22(b)和表5-10可以看出，IMF1与原始信号的相关性很强，信号幅度也很高，占总能量的46.05%，IMF1表现出了塞状流的重要特征信息，而IMF2~IMF4均为数据中包含的噪声。结合图5-22(c)和表5-11可以看出，IMF1与原始信号的相关性很强，信号幅度也很高，占总能量的46.23%，IMF1表现出了弹状流的重要特征信息，而IMF2和IMF3为数据中包含的噪声。通过对3种流型的电导波动信号EEMD分解的各级IMF特征分析可知，显然EEMD分解能够将噪声和固有模态进行有效分离，从而避免模态混叠现象，有利于提高Hilbert-Huang变换多尺度频谱的准确性和有效性。

表5-9　泡状流中IMF各级能量E_{IMF_j}和相关系数$R_{x\mathrm{IMF}_j}$

参数	IMF$_1$	IMF$_2$	IMF$_3$	IMF$_4$	IMF$_5$	IMF$_6$	IMF$_7$	IMF$_8$
p_{IMF_j}	0.4225	0.0000	0.0000	0.0214	0.0775	0.1156	0.0754	0.0287
$R_{x\mathrm{IMF}_j}$	1.0000	-0.0254	0.0207	0.3225	0.5210	0.4847	0.5118	0.3007
参数	IMF$_9$	IMF$_{10}$	IMF$_{11}$	IMF$_{12}$	IMF$_{13}$	IMF$_{14}$	残差项r_n	
p_{IMF_j}	0.0157	0.0081	0.1183	0.0169	0.0000	0.0042	0.0956	
$R_{x\mathrm{IMF}_j}$	0.1150	-0.0082	0.0257	-0.0611	-0.0611	-0.0611	0.0069	

表5-10　塞状流中IMF各级能量和相关系数

参数	IMF$_1$	IMF$_2$	IMF$_3$	IMF$_4$	IMF$_5$	IMF$_6$	IMF$_7$	IMF$_8$
$p_{\mathrm{IMF}j}$	0.4605	0.0000	0.0000	0.0003	0.0494	0.1078	0.1971	0.0854
$R_{x\mathrm{IMF}_j}$	1.0000	0.0009	-0.0031	0.1212	0.3327	0.4431	0.5178	0.3672
参数	IMF$_9$	IMF$_{10}$	IMF$_{11}$	IMF$_{12}$	IMF$_{13}$	IMF$_{14}$	残差项r_n	
$p_{\mathrm{IMF}j}$	0.0579	0.0317	0.0054	0.0000	0.0000	0.0023	0.0020	
$R_{x\mathrm{IMF}_j}$	0.2299	0.2198	0.1643	0.1616	0.1616	0.1616	0.1634	

表5-11　弹状流中IMF各级能量和相关系数

参数	IMF$_1$	IMF$_2$	IMF$_3$	IMF$_4$	IMF$_5$	IMF$_6$	IMF$_7$	IMF$_8$
$p_{\mathrm{IMF}j}$	0.4623	0.0000	0.0001	0.0100	0.1075	0.1539	0.1389	0.0712
$R_{x\mathrm{IMF}_j}$	1.0000	0.0007	0.0085	0.2273	0.3100	0.5482	0.5142	0.3454
参数	IMF$_9$	IMF$_{10}$	IMF$_{11}$	IMF$_{12}$	IMF$_{13}$	IMF$_{14}$	残差项r_n	
$p_{\mathrm{IMF}j}$	0.0475	0.0063	0.0020	0.0000	0.0000	0.0000	0.0003	
$R_{x\mathrm{IMF}_j}$	0.2080	0.1226	0.0177	-0.0633	-0.0633	-0.0633	-0.0056	

对采集的泡状流、塞状流和弹状流的电导波动信号进行基于EEMD的多尺度频谱分析(按照归一化能量由大到小的次序，取前4个模态进行时频分析)，结果如图5-23所示。由表5-9~表5-11可知，IMF1与原始信号的相关性很强，归一化能量约为0.45，因此分析和研究IMF1频谱就有重要意义。从图5-23(a)~图5-23(c)中可以看出，在泡状流中，IMF1中的信号频率主要集中在0~5Hz；在塞状流中，IMF1中的信号频率主要集中在0~7Hz；在弹状流中，IMF1中的信号频率主要集中在0~10Hz，且均伴有大量波动。这是由于在泡状流中，气相和油相的流速较小，而水相流速较大，在管道内气相和油相以小气泡和小油滴的形式分散在连续的水相中，运动相对平缓，波动信号频率较低。而随着气相和油相流速的增加，在水平管道顶部的小气泡和小油泡逐渐形成较大气泡和油泡，逐渐形成塞状流。塞状流中的气泡和油泡聚并、破裂，运动变得剧烈频繁，使得电导波

动信号的频率增加。随着气相流速的继续增加，在水平管道顶部形成更大的气弹，且气弹之间是泡沫状液塞，气泡的聚并和成长周期变短，多相流运动过程更加剧烈，电导波动信号的频率成分更加复杂，波动更加明显。

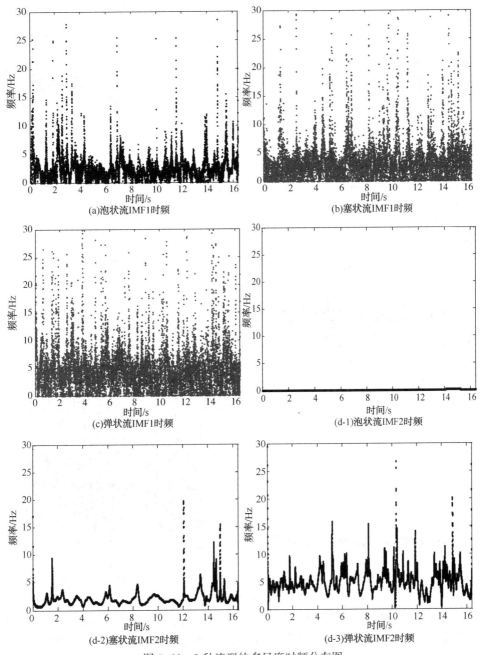

图 5-23　3 种流型的多尺度时频分布图

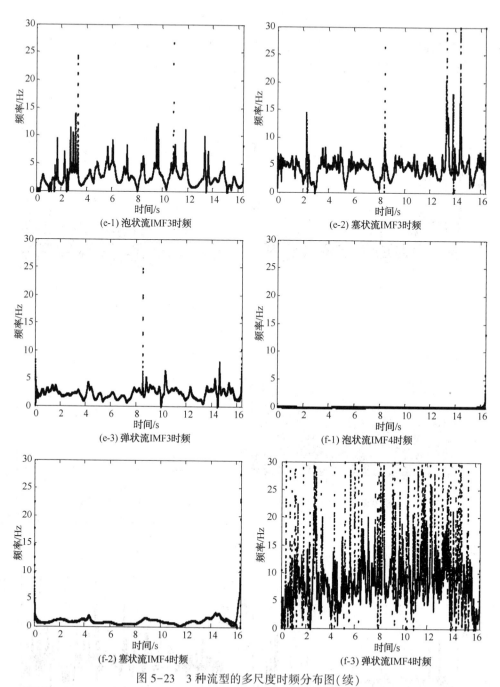

图 5-23 3 种流型的多尺度时频分布图(续)

从图 5-23(d)中可以看出,泡状流在 IMF2 尺度下几乎表现为直流信号,波动非常缓慢;塞状流在 IMF2 尺度下的能量集中在 1~4Hz;弹状流在 IMF2 尺度下的能量集中在 2~10Hz，且伴有少量的 11~15Hz 波动。从图 5-23(e)中可以看出，泡状流在 IMF3 尺度下能量集中在 1~5Hz，且伴有 10~15Hz 波动；塞状流在 IMF3 尺度下的能量集中在 3~7Hz，且伴有少量的 10~20Hz 波动；弹状流在 IMF3 尺度下的能量集中在 1~5Hz。从图 5-23(f)中可以看出，泡状流在 IMF4 尺度下表现为直流，波动非常缓慢；塞状流在 IMF4 尺度下的能量集中在 1~2Hz；弹状流在 IMF4 尺度下的能量集中在 3~12Hz，且伴随有大量的 15~30Hz 波动。由以上分析可知，在 IMF1~IMF4 不同尺度上，3 种流型表现出了不同的频谱特征，反映了 3 种流型不同的动力学行为特性，为流型识别奠定了基础。

第6章　噪声背景中的生产井多相流型识别

生产井中油、气、水多相流在油管内流动时，相界面的分布随流动过程不断变化和波动，导致多相流型复杂多变。流型的直接测量方法通常由于生产井中环境条件限制而难以奏效。随着现代信号处理技术的发展，软测量方法逐渐成为测量多相流型的常用方法。软测量方法是指，利用数学计算方法推导出易测的过程变量与实际难以直接测量的变量之间的关系，从而通过测量容易测量的变量实现难以直接测量变量的测量方法。与多相流型相关的间接变量主要有压差信号、电导信号、层析信号等。以上间接变量均包含了丰富的多相流动信息，利用这些间接量并结合现代信息处理和融合的方法与手段可解决复杂多变的多相流型识别问题。

第1节　生产井多相流型分类及识别

在多相流动过程中，各相界面和相分布状况随着输送介质(油、气、水)比率、管道结构、尺寸、管壁特性等不同，形成了各种各样的流型。不同的多相流系统出现的流型具有很大差异，因此流型的测量和判别一直是多相流领域研究的重要内容。

一、生产井多相流型分类

由于流型具有复杂性，不同学者从不同角度对流型进行了研究并给出了不同定义和划分方法。本章仅介绍最常见的分类，主要包括垂直上升管流型和水平管流型。

1. 垂直上升多相流型

很多学者对垂直上升绝热管道中多相流型进行了研究，给出了不同的定义和划分方法。其中最常用的是 Hewitt 在 1978 年对垂直上升多相流进行的流型划分。垂直上升管道多相流包含 5 种基本流型：泡状流、弹状流、乳沫状流、环状流、液丝环状流。

(1) 泡状流：气相和油相以不同大小的小气泡和油滴分布在连续的水相中。泡状流中的气泡和油滴大多数是椭圆形的，在垂直上升管段的底部密度较大，流型示意图如图6-1(a)所示。这种流型主要出现在含水率较高的生产井中。

(2) 弹状流：当气相流速较大时，液相中的小气泡聚成头部呈弹头状、尾部是平的大气泡，且一个大气泡后面跟随着许多小气泡。流型示意图如图6-1(b)所示。这种流型一般出现在中等截面含气率和较低流速下。

(3) 乳沫状流：当气相流速继续增大时，弹状流中的大气泡开始产生破裂、碰撞、聚合和变形，并与液体混合形成一种上下翻滚的乳沫状混合物，流型示意图如图6-1(c)所示。

(4) 环状流：当气相含量高于液相含量且气相流速很高时，块状液流被击碎，形成以气相为轴心的环状流。环状流的特征是液相沿管壁形成一层液膜，气相则在管道中央流动，通常其中还夹带着一些小液滴。流型示意图如图6-1(d)所示。

(5) 液丝环状流：当多相流为环状流时，液体流量增加，使得管壁上的液膜增厚且出现小气泡，管道中心的气体内液滴浓度随之增大，并在管道中心出现了大液块、液条或液丝，形成了液丝环状流。流型示意图如图6-1(e)所示。

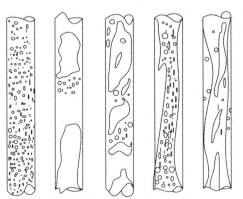

(a) 泡状流 (b) 弹状流 (c) 乳沫状流 (d) 环状流 (e) 液丝环状流

图6-1 垂直上升管道中的多相流型

2. 水平管多相流型

在水平管中，重力的作用使得液相趋向于沿管道底部流动，而气体则趋向于在管道的顶部流动，造成了流动的不对称性，使得水平管道中流型变得更复杂。水平管中的多相流型包括泡状流、塞状流、层状流、波状流、弹状流、环状流。

（1）泡状流：气相和油相以小气泡和小油滴的形式分散在连续的水相中，气泡趋向于在管道上部流动。泡状流主要出现在低含气率且液速较高的生产井中。流型示意图如图6-2(a)所示。

（2）塞状流：在液相中含有沿管道顶部流动的弹头形的大气泡，液相为连续相，气相为分散相。流型示意图如图6-2(b)所示。

（3）层状流：当液相和气相流速较低时，气相在管道上部流动，液相在管道底部流动，两相之间存在一个明显的界面。流型示意图如图6-2(c)所示。

（4）波状流：当层状流中的气体流速增加时，气相和液相分界面呈现出波浪状，形成了波状流。流型示意图如图6-2(d)所示。

（5）弹状流：当气相流速较高时，波状流中的气液分界面不断与管道顶部相接触，连续的气相将被断开为一个个大的气弹，气弹之间是泡沫状的液塞。流型示意图如图6-2(e)所示。

（6）环状流：这种流型与垂直管道的环状流很相似，气相在管道中心流动，液体形成液膜沿管壁向前流动。不同的是，受重力作用，管道底部的液膜比顶部厚。流型示意图如图6-2(f)所示。

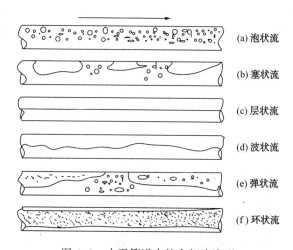

图6-2　水平管道中的多相流流型

二、经典多相流型的识别方法

1. 基于流型图的多相流型识别

近50年来，各国学者通过对流动机理的分析和试验提出了许多用来确定流型分界的流型图，其中有代表性的是 Baker-Scott 流型图、Hewitt-Roberts 流型图以及 Mandhane 流型图。

1) Baker-Scott 流型图

Baker-Scott 流型图适用于水平管道气液两相流型的判断,流型图如图6-3所示。图中实线是 Baker 在 1954 年作出的关系曲线,阴影部分是 Scott 在 1963 年作出的修正。图 6-3 的横坐标为 q_{mg}/ϕ,纵坐标为 $(1-x)\phi\varphi/x$,其中 q_{mg} 为气相的质量流量,x 为干度,ϕ、φ 为与流体物性有关的系数,表达式如下:

$$\phi = \left[\left(\frac{\rho_g}{\rho_{SA}}\right)\left(\frac{\rho_l}{\rho_{SW}}\right)\right]^{1/2} \quad (6-1)$$

$$\varphi = \left(\frac{\sigma_{SW}}{\sigma}\right)\left[\frac{\mu_l}{u_{SW}}\left(\frac{\rho_{SW}}{\rho_l}\right)^2\right]^{1/3} \quad (6-2)$$

式中,ρ、μ、σ 分别表示密度(kg/m^3)、黏度($Pa \cdot s$)、表面张力(N/m);下标 g、l 分别表示气相和液相的物性值;下标 SA、SW 分别表示标准大气条件下空气和水的物性值。系数 ϕ、φ 均为无量纲数,因此 Baker-Scott 流型图的纵坐标表示表观气相质量流量,横坐标表示表观液相和气相质量流量的比值。

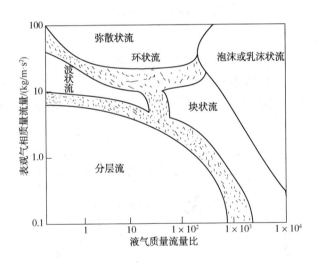

图 6-3 Baker-Scott 流型图

2) Hewitt-Roberts 流型图

Hewitt-Roberts 流型图是由 Hewitt 和 Roberts 于 1969 年综合了大气压力下空气-水的数据及高压下蒸汽-水的数据后得出的,适用于垂直上升管内空气-水和蒸汽-水的流型判别。Hewitt-Roberts 流型图如图 6-4 所示。图中横坐标为表观液相动量通量 $\rho_l(v_l)^2$,纵坐标为表观气相动量通量 $\rho_g(v_g)^2$。其中 ρ_l、ρ_g 分别表示液相和气相密度,v_l、v_g 分别表示液相和气相表观速度。Hewitt-Roberts

流型图对于空气-水适用的最大压力为 0.59MPa，对于蒸汽-水适用的最大压力为 6.9MPa。

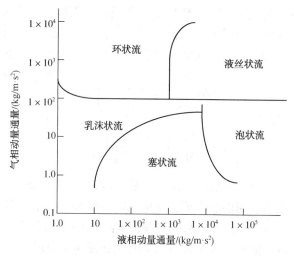

图 6-4　Hewitt-Roberts 流型图

3）Mandhane 流型图

Mandhane 综合分析了 6000 个实验数据于 1974 年提出了适用范围更广的流型图，如图 6-5 所示。图中横坐标为气相折算流速 w_{sg}，纵坐标为液相折算流速 w_{sl}。Mandhane 流型图适用于水平管中气液两相流的流型判别，其适用范围如表 6-1 所示。

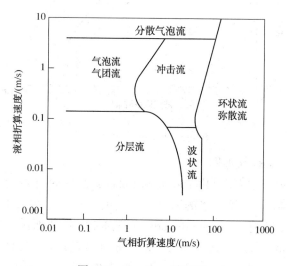

图 6-5　Mandhane 流型图

表 6-1 Mandhane 流型图的适用范围

名称	适用范围
管道内径/mm	12.7~165.1
液相密度/(kg/m³)	705~1009
气相密度/(kg/m³)	0.8~50.5
气相动力黏度/(Pa·s)	10^{-5}~2.2×10^{-5}
液相动力黏度/(Pa·s)	3×10^{-4}~9×10^{-2}
表面张力/(N/m)	34×10^{-3}~103×10^{-3}
气相折算速度/(m/s)	0.04~171
液相折算速度/(cm/s)	0.09~731

2. 基于流型判别式的多相流型识别

除了应用流型图对多相流进行流型识别外,还可以通过对流型转变机理的分析得到判别式,帮助确定具体的流型。

1) 水平管流型转换判据

在流型转换判据方面,Taitel 等做了大量工作,对水平管内气液两相流的流型转换界限进行了细致的研究,定义了5个无因次参数,它们都取决于无因次液位高度$\widetilde{h}_l(\widetilde{h}_l=h_l/d)$。Taitel 等以 Kelvin-Helmholtz 不稳定性理论为基础,推导出了波状流发生流型变换的条件为:

$$F_r \geq \frac{2}{\pi}\widetilde{A}_g(1-\widetilde{h}_l)[1-(2\widetilde{h}_l-1)^2]^{-0.25} \tag{6-3}$$

式中,$F_r=v_{gs}\left[\dfrac{\rho_g}{dg\cos(\rho_l-\rho_g)}\right]^{1/2}$ 为密度比修正后的弗劳德数;v_{gs} 为气相表观速度;ρ_g、ρ_l 表示气、液相的密度;d 为管道内径;g 为重力加速度;$\widetilde{A}_g$ 为与 $\widetilde{h}_l$ 相关的无因次参数。

在式(6-3)的基础上,Taitel 还提出当无因次液位高度$\widetilde{h}_l$足够大时,波状流将转变为间歇流;当$\widetilde{h}_l$较小时,波状流将转变为环状流。

Weisman 等对水平管道内的气液两相流进行了大量的实验和分析,推导出了分层流向间歇流转变的无因次判据:

$$\frac{v_{gs}}{\sqrt{dg}}>0.25\left(\frac{v_{gs}}{v_{ls}}\right)^{1.1} \tag{6-4}$$

从间歇流向环状流转变的判据为：

$$1.9\left(\frac{v_{gs}}{v_{ls}}\right)^{0.125} < \left(\frac{(v_{gs})^2}{dg}\right)^{0.18}\left(\frac{v_{gs}\rho_g^{0.5}}{[g(\rho_l-\rho_g)\sigma]^{0.25}}\right)^{0.2} \quad (6-5)$$

式中，v_{gs}、v_{ls} 为气、液相的表观速度；ρ_g、ρ_l 表示气、液相的密度；d 为管道内径，g 为重力加速度；σ 为表面张力。

2) 垂直管流型转换判据

Taitel 指出，泡状流转变为弹状流的原因是，管道内的气相流速增加使得小气泡聚成大气泡，形成弹状流。当空隙率 $\alpha = 0.25$ 时，则泡状流向弹状流转变的判据为：

$$v_{ls} < 3.0v_{gs} - 1.15\left[\frac{g\sigma(\rho_l-\rho_g)}{\rho_l^2}\right]^{0.25} \quad (6-6)$$

Weisman 等通过实验数据整理，提出了垂直管道中泡状流向间歇流转变的判据为：

$$\frac{v_{gs}}{\sqrt{dg}} > 0.45\left(\frac{v_{gs}+v_{ls}}{\sqrt{dg}}\right)^{0.78} \quad (6-7)$$

Griffith 等认为，当弹状流中的气泡长度趋于无穷大时，弹状流就转变为环状流，并推导出了弹状流转变为环状流的条件：

$$v_{gs} = 4.02\sqrt{dg} + 11.5v_{ls} \quad (6-8)$$

Taitel 等认为，弹状流转变为环状流是由气体的流速较高引起的，从而推导出了弹状流转变为环状流的界限条件：

$$\frac{v_{gs}\rho_g^{0.5}}{[g\sigma(\rho_l-\rho_g)]^{0.25}} = 3.1 \quad (6-9)$$

式(6-6)~式(6-9)中的各参数含义同上。

经典流型识别方法需要测量多相流的流量、空隙率等流动参数，而这些参数目前还没有方法实现准确测量；已有的流型图和流型判别式都有一定的适用范围，难以适应变化多样的实际工况。近年来，多相流测量技术、现代信号处理方法和数据融合技术的发展，为多相流型的识别提供了新的思路和方法。下面章节将研究采用现代信号处理理论和方法进行多相流型识别。

第2节 生产井多相流电导波动信号采集与预处理

一、电导波动信号的采集

在室内多相流模拟实验系统(如图 2-3 所示)进行不同流型下电导波动信号

采集，通过调节阀门，控制空气、液体的压力和流速，形成了泡状流、塞状流、弹状流等不同流型，分别采集了不同流型下的电导波动信号，如图6-6所示。由图6-6可以看出，电导波动信号通常为低频信号，采集的信号中包含了大量高频噪声，因此需要在后续章节对电导波动信号进行降噪处理。分析3种流型的电导波动信号可知，在泡状流下，电导信号变化比较缓慢，信号起伏小；在塞状流下，电导信号有明显起伏，幅度较大；在弹状流下，电导信号具有更明显的较大起伏，且起伏频率更高，幅度较大。

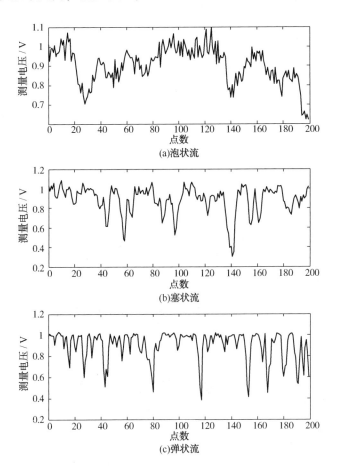

图6-6　3种典型流型的电导波动信号

二、基于SK和EEMD融合算法的电导波动信号预处理

由于多相流的动力学特性复杂，因此包含多相流型特征的信号大多为非平稳信号。非平稳信号的预处理方法在第5章已经做了详细的验证和比较，由此可知

采用第 5 章提出的 SK 和 EEMD 融合算法比小波法具有更好的降噪效果。对图 6-6 中采集的泡状流、塞状流、弹状流 3 种典型流型的电导波动信号采用 SK 和 EEMD 融合算法降噪，降噪后的信号如图 6-7 所示。由图 6-7 可以看出，降噪后的电导波动信号中的高频噪声基本被消除，信号比较光滑，泡状流、塞状流、弹状流 3 种流型的波形特征更加清晰。在泡状流下，电导信号变化比较缓慢，信号起伏小；在塞状流下，电导信号有明显起伏，幅度较大；在弹状流下，电导信号具有更明显的较大起伏，且起伏频率更高，幅度较大。在以上 3 种流型下，电导信号表现出不同的特点，因此通过分析和归纳不同流型下的电导波动信号特征，可判断管道内流体的流型信息。

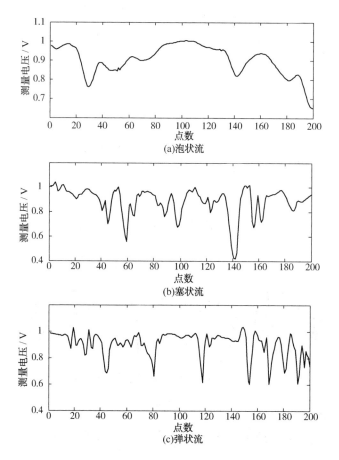

图 6-7　降噪后的电导波动信号

后续内容将逐一介绍基于小波包的多相流型特征选择与提取、EMD 法的多相流型特征选择与提取、支持向量机模式分类理论及多相流型的分类等。

第3节 生产井多相流型特征提取

对生产井电导波动信号分析可知,该信号中包含了多相流型信息,因此在多相流型识别之前,需要对经过预处理的电导波动信号进行特征选择与提取。本节主要介绍多相流型特征提取的方法,主要包括小波包分析法和 EMD 法两种特征提取方法。

一、小波变换及小波包分析理论

小波变换是通过对一个固定函数(小波基)进行伸缩和平移,用于分析和表征信号,具有多分辨率分析(Multi-Resolution Analysis,简称 MRA)的特点,适用于非平稳信号的分析。而以小波变换为基础发展的小波包分析技术,具有随分辨率的增加,变宽的频谱窗口进一步分割变细的特点,很好地克服了小波变换高频处时间分辨率高、频率分辨率降低的缺陷。

设 $\psi(t) \in L(R) \cap L^2(R)$,其傅立叶变换 $\hat{\psi}(\omega)$ 满足如下条件:

$$C_\psi = \int_R \frac{|\hat{\psi}(\omega)|^2}{|\omega|} d\omega < \infty \tag{6-10}$$

则称 $\psi(t)$ 为母小波,$\psi(t)$ 通过尺度伸缩和平移生成如下函数族:

$$\psi_{a,b} = |a|^{-\frac{1}{2}} \psi\left(\frac{t-b}{a}\right), \quad (a \in R, a \neq 0, b \in R) \tag{6-11}$$

$\psi_{a,b}$ 称为小波基函数。则连续小波变换的定义如下:

$$WT_f(a, b) = \int_R f(t) \psi^*_{a,b}(t) dt = |a|^{-\frac{1}{2}} \int_R f(t) \psi^* \left(\frac{t-b}{a}\right) dt \tag{6-12}$$

令 $a = a_0^j$,$j \in Z$,若取 $a_0 = 2$,则对应的小波基函数为:

$$\psi_{j,b}(t) = 2^{-j/2} \psi[2^{-j}(t-b)] \tag{6-13}$$

令位移量 $2^{-j} b = k b_0$,则离散化小波基函数为:

$$\psi_{j,k}(t) = 2^{-j/2} \psi(2^{-j} t - k b_0) \tag{6-14}$$

则信号 $f(t)$ 的离散小波变换为:

$$\begin{aligned} WT_f(j, k) &= \langle f(t), \psi_{j,k}(t) \rangle \\ &= 2^{-j/2} \int f(t) \psi^*(2^{-j} t - k b_0) dt \end{aligned} \tag{6-15}$$

Mallat 和 Meyer 在 1986 年提出一种比较简单的构造正交小波基的方法,称为 Mallat 快速算法,它使小波的多分辨率分析得到了广泛的应用。Mallat 给出的多分辨率分析的定义为：设$\{V_j\}$ ($j\in Z$)为空间$L^2(R)$中的一个闭合空间序列，假设信号的原始频率初始空间为V_0，将V_0分解为低分辨率的子空间V_1，V_0和V_1的差W_1，则子空间W_1为高频空间。类似地，将V_1分解为V_2和W_2子空间。以此类推，对一个信号进行N级分解，可得到一个最低分辨率的子空间V_N和N个差分子空间W_i($i=1, 2, \cdots N$)。空间序列$\{V_j\}$必须满足以下5个条件：

（1）单调性：$V_j \subset V_{j-1}$，$j \in Z$。

（2）渐进完整性：$\bigcup_{j=-\infty}^{\infty} V_j = L^2(R)$，$\bigcap_{j=-\infty}^{\infty} V_j = [0]$。

（3）伸缩性：对任意$f(t) \in V_j$，$j \in Z$，有$f(2t) \in V_{j-1}$。伸缩性体现了尺度的变化、逼近正交小波函数的变化和空间的变化具有一致性。

（4）平移不变性：对任意$f(x) \in V_j$，$j \in Z$，则在同一空间波形平移后不变化，即$f(x-k) \in V_j$，$k \in Z$。

（5）Riesz基存在性：存在函数$\varphi(t) \in V_0$，使得$\{\varphi(2^{j/2}t-k)$，$k \in Z\}$构成V_j的Riesz基，即对任意的$\varphi(x) \in V_0$，存在唯一的序列a_k，使得$\varphi(x) = \sum_k a_k \varphi(x-k)$。

对于尺度函数$\varphi(t) \in V_0$来说，它在整数平移系$\{\varphi(2^{j/2}t-k)$，$k \in Z\}$构成V_j的规范正交基，此时可定义函数：

$$\varphi_{j,k} = 2^{-j/2}\varphi(2^{-j}t-k), \quad j, k \in Z \tag{6-16}$$

则函数系$\{\varphi_{j,k}(t)$，$k \in Z\}$也是规范正交的。同时定义满足多尺度分析的小波函数为：

$$\psi_{j,k}(t) = 2^{-j/2}\psi(2^{-j}t-k) \tag{6-17}$$

根据多尺度分析可得尺度函数和小波函数的离散化双尺度方程：

$$\varphi(2^{-j}t - n) = \sqrt{2}\sum_k h(m-2n)\varphi[2^{-(j-1)}t - k] \tag{6-18}$$

$$\psi(2^{-j}t - n) = \sqrt{2}\sum_k g(m-2n)\varphi[2^{-(j-1)}t - k] \tag{6-19}$$

信号$f(t) \in L^2(R)$可由小波函数和尺度函数共同展开：

$$f(t) = \sum_k C_{j_0}(k)\varphi_{j_0,k}(t) + \sum_{j=j_0}^{\infty}\sum_k D_j(k)\psi_{j,k}(t) \tag{6-20}$$

式中，j_0为任意起始尺度；C_{j_0}为尺度系数；$D_j(k)$为小波系数。

在离散小波变换中，求解C_{j_0}和$D_j(k)$的公式为：

$$C_{j_0}(k) = \sum_m h(m-2k)C_{j_0-1}(m) \tag{6-21}$$

$$D_j(k) = \sum_m g(m-2k)C_{j-1}(m) \tag{6-22}$$

式中，$h(m-2k)$ 和 $g(m-2k)$ 分别相当于低通滤波器和高通滤波器，$h(m-2k) = \langle \varphi_{j+1,k}, \varphi_{j,m} \rangle$，$g(m-2k) = \langle \psi_{j+1,k}, \varphi_{j,m} \rangle$，图 6-8 为多尺度分析的分解过程。

重构算法公式：

$$C_{j-1}(k) = \sum_k h(m-2k) C_j(k) + \sum_k g(m-2k) D_j(k) \qquad (6-23)$$

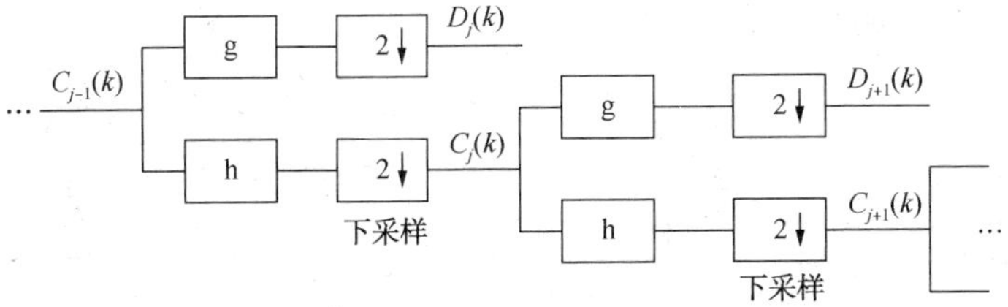

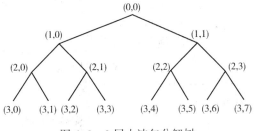

图 6-8　小波多尺度分解过程

小波包的概念是由 Wickerhauser、Coifman 等在小波变换的基础上提出来的。小波包分析能够为信号提供一种更加精细的分析方法，它将频带进行多层次划分，对多分辨率分析没有细分的高频部分进一步分解，并能够根据被分析信号的特征，自适应地选择相应频带，使之与信号频谱匹配，从而提高了时频分辨率，因此小波包具有更广泛的应用价值。小波包分析通过一组低通和高通组合的共轭正交滤波器 h、g，将信号划分到不同的频段上，3 层小波包分解树如图 6-9 所示。

图 6-9　3 层小波包分解树

二、基于小波包分析的多相流型特征选择和提取

对经过 SK 和 EEMD 融合算法降噪后的泡状流、塞状流、弹状流 3 种流型的电导波动信号去除直流成分后，进行 3 层小波包分解，可得到从低频到高频 8 个频段的信号，则电导波动信号 $\hat{S}$ 可表示如下：

$$\hat{S} = S_{30} + S_{31} + S_{32} + S_{33} + S_{34} + S_{35} + S_{36} + S_{37} \qquad (6-24)$$

式中，$S_{3j}(j=0, 1, \cdots, 7)$ 分别表示 3 层小波包分解后的各频段信号。泡状流、塞状流、弹状流 3 种流型的电导波动信号经 3 层小波包分解后的各频段信号分别如图 6-10～图 6-12 所示。由图 6-10～图 6-12 可以看出，3 种流型的小波包分解

系数有明显区别。在泡状流中,各层小波包分解系数幅度变化明显,其中S_{30}信号幅度大,S_{31}~S_{33}信号幅度明显减小,S_{34}~S_{37}信号幅度达到很小,表明泡状流包含的基本为低频信息;在塞状流中,S_{30}~S_{33}幅度变化不明显,而S_{34}~S_{37}与S_{30}~S_{33}相比幅度有明显下降,与泡状流相比,塞状流出现了较高频段的信息;在弹状流中,各层小波包分解系数S_{30}~S_{37}的幅度变化不明显,分布相对比较均匀,表明弹状流中包含的频率成分更宽。

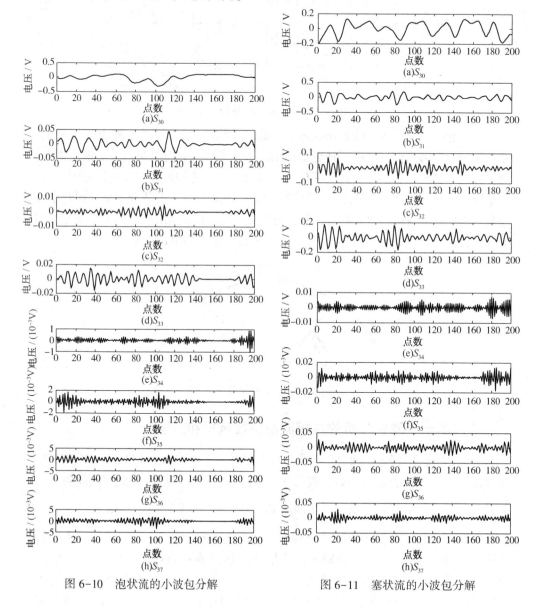

图 6-10　泡状流的小波包分解　　　　图 6-11　塞状流的小波包分解

由上述分析可知，泡状流、塞状流、弹状流 3 种流型下的电导波动信号的小波包分解系数具有不同特征。由于小波包系数维数较大，不适合作为模式类的特征，而小波包能量和小波包信息熵可以表征小波包系数的变化，因此，选择小波包能量和小波信息熵作为流型识别的特征。

设小波包总能量为 E，式(6-24) 中第 3 层小波树中各频段信号对应的能量分别为 $E_{3j}(j=0,1,\cdots,7)$，则有：

$$E_{3j} = \int |S_{3j}(t)|^2 dt = \sum_{k=1}^{n} |D_{jk}|^2,$$
$$j = 0, 1, \cdots, 7$$

(6-25)

$$E = \int |\hat{S}(t)|^2 dt = \sum_{j=0}^{7}\sum_{k=1}^{n} |D_{jk}|^2$$

(6-26)

考虑实验条件的改变对小波包各频段能量的影响，采用归一化的能量表达式：$E_{3j}/E(j=0,1,\cdots,7)$。设 $p_j = E_{3j}/E(j=0,1,\cdots,7)$，则依此构造的小波包信息熵的表达式如下：

$$H_W = -\sum_{j=0}^{7} p_j \lg p_j \quad (6-27)$$

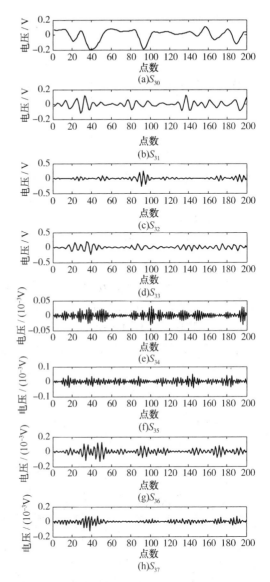

图 6-12 弹状流的小波包分解图

为了提高流型识别的准确率，通常需要综合考虑时域特征量，常见的时域特征量如下：

（1）均值：

$$\bar{s} = \frac{1}{m}\sum_{i=1}^{m} \hat{s}_i \quad (6-28)$$

（2）标准差：

$$SD = \sqrt{\frac{1}{m-1}\sum_{i=1}^{m}(\hat{s}_i - \bar{s})^2} \qquad (6-29)$$

选择归一化小波包能量、小波包信息熵、均值、标准差构造的特征向量 T_1 如下：

$$T_1 = [E_{30}/E, \ E_{31}/E, \ E_{32}/E, \ E_{33}/E, \ E_{34}/E, \ E_{35}/E, \ E_{36}/E, \ E_{37}/E, \ H_W, \ \bar{s}, \ SD] \qquad (6-30)$$

在模拟生产井实验条件下，分别采集了泡状流、塞状流、弹状流 3 种流型各 20 组共 60 组实验数据，首先进行了 SK 和 EEMD 融合算法降噪，然后提取特征向量，则泡状流、塞状流、弹状流 3 种流型的特征向量 T_1 分别如表 6-2～表 6-4 所示。由表 6-2～表 6-4 可知，泡状流的特征向量中，小波包能量 E_{30}/E 值很大，E_{31}/E 明显下降，$E_{32}/E \sim E_{37}/E$ 降到近似为零；塞状流的特征向量中，小波包能量 E_{30}/E 值较大，E_{31}/E 开始下降，$E_{34}/E \sim E_{37}/E$ 降至近似为零；弹状流的特征向量中，小波包能量 $E_{30}/E \sim E_{33}/E$ 值相对均匀，无明显差距，$E_{34}/E \sim E_{37}/E$ 值相对均匀，无明显差距，$E_{30}/E \sim E_{33}/E$ 均大于 $E_{34}/E \sim E_{37}/E$。以上结果表明，泡状流的能量几乎全部集中在第一项，频率范围很窄；塞状流的能量基本在前四项，与泡状流相比频率范围变宽；弹状流的能量分布相对均匀，频率范围较宽。

表 6-2 泡状流的特征向量 T_1

序号	E_{30}/E	E_{31}/E	E_{32}/E	E_{33}/E	E_{34}/E	E_{35}/E	E_{36}/E	E_{37}/E	H_W	$\bar{s}$	SD
1	0.9355	0.0565	0.0013	0.0065	0	0.0001	0.0001	0	0.3871	0.9023	0.0135
2	0.8279	0.1591	0.0052	0.0074	0.0001	0.0001	0.0001	0.0001	0.7452	0.9372	0.0042
3	0.8791	0.1090	0.0029	0.0088	0	0.0001	0.0001	0	0.6001	0.8751	0.0141
4	0.8296	0.1506	0.0054	0.0139	0.0001	0.0002	0.0001	0.0001	0.7677	0.9076	0.0086
5	0.8468	0.1367	0.003	0.0129	0	0	0.0003	0.0003	0.7093	0.8707	0.0149
6	0.9933	0.0052	0.0003	0.0011	0	0	0.0001	0	0.0648	0.8396	0.0101
7	0.9909	0.0085	0.0001	0.0005	0	0	0	0	0.0781	0.9364	0.0044
8	0.9995	0.0001	0	0	0.0001	0.0001	0.0001	0	0.0078	0.9221	0.0125
9	0.9218	0.069	0.0011	0.0079	0	0.0001	0	0.0001	0.4434	0.8783	0.0167
10	0.9015	0.0905	0.0015	0.0065	0	0	0	0	0.5109	0.8628	0.0155
11	0.9267	0.0674	0.0011	0.0045	0	0.0001	0.0002	0.0001	0.4147	0.8903	0.0204
12	0.8912	0.096	0.002	0.0104	0	0	0.0001	0.0001	0.5637	0.9097	0.0125
13	0.9911	0.0073	0.0004	0.001	0	0	0	0	0.0814	0.8843	0.016

续表

序号	特征向量										
	E_{30}/E	E_{31}/E	E_{32}/E	E_{33}/E	E_{34}/E	E_{35}/E	E_{36}/E	E_{37}/E	H_W	$\bar{s}$	SD
14	0.9983	0.0015	0	0.0001	0	0	0	0	0.0196	0.8816	0.0053
15	0.9880	0.0114	0	0.0006	0	0	0	0	0.098	0.9097	0.0076
16	0.9986	0.0013	0	0.0001	0	0	0	0	0.0156	0.8833	0.0101
17	0.9563	0.0359	0.0008	0.0065	0.0001	0.0001	0.0002	0.0002	0.2962	0.9230	0.0037
18	0.9993	0.0006	0	0	0	0	0	0	0.0081	0.9502	0.0024
19	0.9917	0.0079	0.0001	0.0003	0	0	0	0	0.0724	0.8858	0.0066
20	0.9929	0.0044	0.0001	0.0001	0.0006	0.0006	0.0007	0.0005	0.0738	0.8970	0.0107

表 6-3 塞状流的特征向量 T_1

序号	特征向量										
	E_{30}/E	E_{31}/E	E_{32}/E	E_{33}/E	E_{34}/E	E_{35}/E	E_{36}/E	E_{37}/E	H_W	$\bar{s}$	SD
1	0.7634	0.1359	0.0260	0.0728	0.0001	0.0001	0.0007	0.0009	1.1203	0.9237	0.0054
2	0.4944	0.3889	0.0350	0.0769	0.0006	0.001	0.0007	0.0027	1.5322	0.8847	0.0079
3	0.7847	0.1466	0.0179	0.0463	0.0003	0.0004	0.0012	0.0027	1.0322	0.8897	0.0086
4	0.6426	0.1851	0.0186	0.1524	0.0004	0.0005	0.0002	0.0002	1.3961	0.8475	0.0187
5	0.5075	0.3458	0.0301	0.1108	0.0007	0.0013	0.0009	0.003	1.5840	0.9035	0.0097
6	0.7029	0.2345	0.0172	0.0448	0.0001	0.0001	0.0002	0.0003	1.1573	0.9150	0.0051
7	0.5970	0.3323	0.0284	0.0413	0.0001	0.0003	0.0004	0.0002	1.3210	0.8869	0.009
8	0.6182	0.2872	0.0137	0.0799	0.0001	0.0002	0.0003	0.0005	1.3343	0.8576	0.0065
9	0.6688	0.2615	0.0167	0.0525	0.0001	0.0001	0.0002	0.0002	1.2230	0.9064	0.0100
10	0.6273	0.2761	0.0263	0.0674	0.0002	0.0003	0.0013	0.0011	1.3645	0.9007	0.0149
11	0.8090	0.1498	0.0176	0.0224	0.0002	0.0002	0.0003	0.0005	0.8974	0.8420	0.0216
12	0.5299	0.2617	0.0232	0.1812	0.0007	0.0011	0.0005	0.0018	1.6034	0.8545	0.0145
13	0.8067	0.1402	0.0059	0.0462	0.0002	0.0003	0.0002	0.0003	0.9081	0.8559	0.0153
14	0.6560	0.1798	0.0234	0.1402	0.0001	0.0002	0.0002	0.0002	1.3761	0.8774	0.0167
15	0.7520	0.1877	0.0172	0.0321	0.0011	0.0011	0.0054	0.0033	1.1124	0.8685	0.0174
16	0.4269	0.2811	0.0192	0.2661	0.0002	0.0004	0.0021	0.0039	1.7138	0.8626	0.0112
17	0.5445	0.3411	0.0236	0.09	0	0.0001	0.0001	0.0005	1.4576	0.9022	0.0125
18	0.7233	0.2427	0.0074	0.026	0.0001	0.0001	0.0001	0.0003	1.0301	0.8694	0.0122

续表

序号	特征向量										
	E_{30}/E	E_{31}/E	E_{32}/E	E_{33}/E	E_{34}/E	E_{35}/E	E_{36}/E	E_{37}/E	H_W	$\bar{s}$	SD
19	0.5514	0.3368	0.0165	0.095	0	0	0.0001	0.0002	1.4271	0.9184	0.0093
20	0.5651	0.306	0.0292	0.0953	0.0009	0.0013	0.0005	0.0017	1.5030	0.9067	0.0079

表 6-4 弹状流的特征向量 T_1

序号	特征向量										
	E_{30}/E	E_{31}/E	E_{32}/E	E_{33}/E	E_{34}/E	E_{35}/E	E_{36}/E	E_{37}/E	H_W	$\bar{s}$	SD
1	0.1487	0.3026	0.1747	0.1548	0.0279	0.0379	0.1018	0.0516	2.6663	0.9002	0.0171
2	0.3369	0.1761	0.147	0.1897	0.0066	0.0257	0.094	0.0241	2.4652	0.8723	0.0252
3	0.2411	0.2366	0.1150	0.1644	0.0127	0.0267	0.1461	0.0574	2.6354	0.8737	0.0253
4	0.3183	0.2324	0.0794	0.2480	0.0120	0.0118	0.0481	0.0499	2.3827	0.8777	0.0212
5	0.3875	0.2285	0.0730	0.1333	0.0065	0.0169	0.1153	0.0389	2.3683	0.8855	0.0215
6	0.2378	0.1923	0.0723	0.3061	0.0149	0.0240	0.0888	0.0639	2.5299	0.8939	0.0210
7	0.4098	0.1542	0.0978	0.1967	0.0081	0.0135	0.0671	0.0527	2.3585	0.8894	0.0189
8	0.3173	0.2318	0.0832	0.2225	0.0061	0.0082	0.1077	0.0232	2.3692	0.8824	0.0251
9	0.3498	0.2122	0.0950	0.2177	0.0065	0.0182	0.0634	0.0372	2.3877	0.8734	0.0248
10	0.2578	0.2864	0.1319	0.1589	0.0078	0.0218	0.0835	0.0520	2.5237	0.8937	0.0195
11	0.4970	0.2112	0.0798	0.1258	0.0146	0.0147	0.0435	0.0134	2.1012	0.8764	0.0256
12	0.3337	0.1553	0.1199	0.2427	0.0057	0.0144	0.0535	0.0748	2.4446	0.8785	0.0213
13	0.2717	0.2764	0.0711	0.2161	0.0064	0.0177	0.0849	0.0556	2.456	0.8772	0.0289
14	0.2471	0.2131	0.1097	0.2702	0.0049	0.0206	0.0716	0.0628	2.5098	0.873	0.0257
15	0.2206	0.3184	0.1244	0.1827	0.0086	0.0247	0.0879	0.0327	2.4892	0.8835	0.0210
16	0.2769	0.1688	0.1179	0.2601	0.0085	0.0269	0.0944	0.0465	2.5414	0.8984	0.0187
17	0.3289	0.1785	0.0845	0.2392	0.0074	0.0171	0.0913	0.0532	2.4592	0.8734	0.0245
18	0.3263	0.1738	0.1018	0.207	0.0179	0.0305	0.0998	0.0428	2.5560	0.8827	0.0185
19	0.3228	0.2297	0.0826	0.1877	0.017	0.0222	0.0836	0.0545	2.5142	0.8650	0.0250
20	0.2848	0.3411	0.1153	0.085	0.0109	0.0246	0.1136	0.0248	2.3980	0.8803	0.0221

其中泡状流、塞状流、弹状流 3 种流型的第一个特征量 E_{30}/E 如图 6-13 所示，3 种流型的特征量 H_W 如图 6-14 所示。由图 6-13 可以看出，特征量 E_{30}/E 基本能够区别泡状流、塞状流、弹状流 3 种流型，泡状流中 20 组实验数据 E_{30}/E

的平均值约为 0.943，塞状流中 E_{30}/E 的平均值约为 0.6386，弹状流中 E_{30}/E 的平均值约为 0.3057。泡状流中主要是较低频率的信息，因此 E_{30} 占总能量 E 的绝大部分。塞状流与泡状流相比，出现了较高频段的信息，因此 E_{30} 占总能量 E 的比例下降；弹状流中各频段分布相对比较均匀，因此 E_{30} 占总能量 E 的比例更低。由图 6-14 可以看出，3 种流型的小波包信息熵 H_W 也能区分泡状流、塞状流和弹状流 3 种流型，泡状流的中 20 组实验数据平均小波包信息熵约为 0.2979bit，塞状流的平均小波包信息熵约为 1.3047bit，弹状流的平均小波包信息熵约为 2.4578bit。泡状流中由于 E_{30}/E 的平均值约为 0.943，其余各频率的能量接近为 0，因此小波包熵 H_W 很小；弹状流中各频段的能量分布相对比较均匀，因此小波包熵 H_W 最大；塞状流与泡状流相比，出现了较高频段信息，而与弹状流相比，各频段分布不够均匀，因此小波包熵 H_W 具于二者之间。

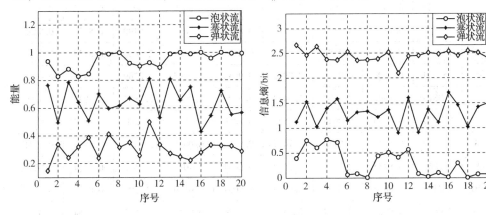

图 6-13　3 种流型下的第一个特征量　　图 6-14　3 种流型下的小波包信息熵

三、基于 EMD 法的多相流型特征提取

对经过 SK 和 EEMD 融合算法降噪后的泡状流、塞状流、弹状流 3 种流型的电导波动信号去除直流成分后，进行 EMD 分解（EMD 分解理论在第 5 章第 2 节已经做了详细阐述），选择 EMD 信息熵作为流型识别的特征。

与小波包特征提取法类似，将 EMD 分解的各级 IMF 的能量作归一化处理，设 $p_{IMFj} = E_{IMFj}/E$（$j = 0, 1, \cdots, N$，E_{IMFj} 为第 j 级 IMF 的能量，E 为总能量），则 EMD 信息熵的表达式如下：

$$H_E = -\sum_{j=0}^{N} p_{IMFj} \lg p_{IMFj} \tag{6-31}$$

选择 EMD 熵、均值、标准差构造的特征向量 T_2 如下：

$$T_2 = [H_E, \bar{s}, SD] \tag{6-32}$$

在模拟生产井实验条件下，分别采集了泡状流、塞状流、弹状流 3 种流型各 20 组共 60 组实验数据，采用 EMD 法进行多相流特征提取，则泡状流、塞状流、弹状流 3 种流型的特征向量 T_2 分别如表 6-5 所示，3 种流型的特征量 H_E 如图 6-15 所示。由表 6-5 和图 6-15 可以看出，泡状流的 EMD 信息熵最小，弹状流的 EMD 信息熵居中，塞状流的 EMD 信息熵最大，3 种流型的 EMD 信息熵有一定差距，但又不能完全分开。

表 6-5　3 种流型的特征向量 T_2

序号	泡状流			塞状流			弹状流		
	H_E	$\bar{s}$	SD	H_E	$\bar{s}$	SD	H_E	$\bar{s}$	SD
1	1.8153	0.9023	0.0135	2.2342	0.9237	0.0054	1.9979	0.9002	0.0171
2	1.8824	0.9372	0.0042	2.1868	0.8847	0.0079	2.0921	0.8723	0.0252
3	1.8226	0.8751	0.0141	2.3594	0.8897	0.0086	1.9190	0.8737	0.0253
4	1.4486	0.9076	0.0086	2.3157	0.8475	0.0187	2.0616	0.8777	0.0212
5	1.7394	0.8707	0.0149	2.0923	0.9035	0.0097	2.0369	0.8855	0.0215
6	1.9823	0.8396	0.0101	2.0494	0.915	0.0051	2.1837	0.8939	0.021
7	2.1269	0.9364	0.0044	2.3549	0.8869	0.009	2.121	0.8894	0.0189
8	2.1169	0.9221	0.0125	2.1437	0.8576	0.0065	2.3477	0.8824	0.0251
9	1.2562	0.8783	0.0167	2.0962	0.9064	0.01	2.1502	0.8734	0.0248
10	1.8196	0.8628	0.0155	2.0973	0.9007	0.0149	2.218	0.8937	0.0195
11	2.0675	0.8903	0.0204	2.4306	0.8420	0.0216	1.8991	0.8764	0.0256
12	1.938	0.9097	0.0125	2.0298	0.8545	0.0145	2.0351	0.8785	0.0213
13	1.8051	0.8843	0.016	2.5581	0.8559	0.0153	2.1148	0.8772	0.0289
14	1.8333	0.8816	0.0053	2.1647	0.8774	0.0167	1.7759	0.873	0.0257
15	1.5991	0.9097	0.0076	2.1424	0.8685	0.0174	2.3375	0.8835	0.021
16	1.1295	0.8833	0.0101	2.0739	0.8626	0.0112	2.1291	0.8984	0.0187
17	1.4488	0.9230	0.0037	2.0361	0.9022	0.0125	2.0915	0.8734	0.0245
18	1.9105	0.9502	0.0024	2.3142	0.8694	0.0122	2.2153	0.8827	0.0185
19	2.1365	0.8858	0.0066	2.3879	0.9184	0.0093	1.9687	0.865	0.025
20	1.1323	0.8970	0.0107	2.307	0.9067	0.0079	2.1089	0.8803	0.0221

通过以上分析可知，小波包和 EMD 法均可以有效提取电导波动信号中包含的多相流型特征。后续章节将介绍支持向量机分类理论以及多相流型识别。

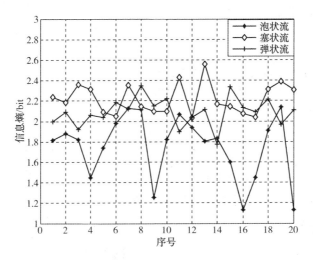

图 6-15　3 种流型下的 EMD 信息熵

第 4 节　支持向量机的模式识别理论

支持向量机（support vector machine，简称 SVM）是在统计学习理论的基础上发展的一种新型的机器学习方法。它在有限样本机器学习过程中，很大程度上解决了传统机器学习方法的问题，比如模型选择与过学习问题、非线性和维数灾难问题、局部极小点问题等。简单来说，支持向量机是一种建立在统计学习理论和结构风险最小化原理基础上的新型学习机器，它根据有限样本信息在模型复杂性与学习能力之间寻求最佳折中，以期获得最好的推广能力。对于非线性可分样本，支持向量机的解决思路是：通过非线性映射，将输入空间映射到一个高维特征空间，然后在特征空间中构造最优分类超平面。

一、结构风险最小化原则

经典机器学习方法遵循的是经验风险最小化原则（见图 6-16），即：

$$\min R_{\mathrm{emp}}(\omega) = \frac{1}{n}\sum_{i=1}^{n} L[y_i, f(X_i, \omega)] \quad (6-33)$$

式中，$f(X_i, \omega)$ 为预测函数集；$L[y_i, f(X_i, \omega)]$ 为预测造成的损失。

机器学习的最终目的是最小化期望风险，

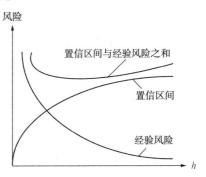

图 6-16　结构风险最小化原则

经验风险的可描述如下：

$$R(\omega) = \int L(y, f(X, \omega)) dF(X, y) \tag{6-34}$$

式中，$F(X, y)$ 为变量 X 和 y 的联合分布概率。

由经验风险最小并不能得出期望风险最小，经验风险和期望风险在最坏的分布情况下，至少以概率 $1-\eta$ 满足关系：

$$R(\omega) \leqslant R_{\text{emp}}(\omega) + \sqrt{\frac{h[\ln(2n/h)+1]-\ln(\eta/4)}{n}} \tag{6-35}$$

式中，n 为学习样本；h 为 VC 维，反映函数集的学习能力。

式(6-35)表明，要最小化期望风险，必须折中考虑经验风险和 VC 维，即结构风险最小化原则。

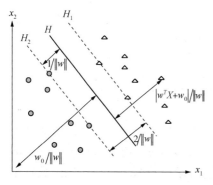

图 6-17 二维线性可分最优分类线

二、线性情况

支持向量机方法最初是针对两类线性可分问题提出的，可用图 6-17 所示的情况进行说明。设样本集 (X_i, y_i)，$X \in R^d$，$y_i \in \{+1, -1\}$，$i=1, 2, \cdots, n$，其中，n 为训练样本个数，d 为训练样本向量的维数，y_i 为分类类别。在图 6-17 中，分类线 H_1 和 H_2 都能将两类样本分开。这样的分类线有很多，其中 H 分类线离两类样本的间隔最大，又能将两类样本正确分类，因此被称为最优分类线。推广到 N 维空间，则最优分类线就被称为最优分类面，则最优分类面方程为：

$$w^T X + w_0 = 0 \tag{6-36}$$

且满足：

$$y_i(w^T X_i + w_0) \geqslant 1, \ i=1, 2, \cdots, n \tag{6-37}$$

式中，w 为分类面的权重向量；w_0 为分类阈值；X 为训练样本向量。

对于最优分类线 H，分类线 H_1 和 H_2 上的样本点即为支持向量。支持向量机方法中最大化分类间隔为 $2/|w|$，即最小化权重向量的范数为 $\|w\|^2/2$，可用如下优化方程表示：

$$\begin{cases} \min \phi(w) = \frac{1}{2}\|w\|^2 = \frac{1}{2}(w \cdot w) \\ y_i(w^T X_i + w_0) \geqslant 1, \ i=1, 2, \cdots, n \end{cases} \tag{6-38}$$

利用 Lagrange 优化方法将上述最优分类面问题转化为对偶形式：

$$\begin{cases} \max L(a) = \sum_{i=1}^{n} a_i - \frac{1}{2}\sum_{i=1}^{n}\sum_{j=1}^{n} a_i a_j y_i y_j X_i^T X_j \\ a_i \geq 0, \ i=1, 2, \cdots, n \\ \sum_{i=1}^{n} y_i a_i = 0 \end{cases} \quad (6-39)$$

通过求解上式可得最优决策函数为：

$$f(X) = \mathrm{sgn}\Big(\sum_{i=1}^{n} a_i^* y_i(X_i, X) + w_0^*\Big) \quad (6-40)$$

式中，a_i^* 和 w_0^* 为最优 Lagrange 系数和阈值；w_0^* 可通过支持向量求得。

对于线性不可分的情况，在式(6-37)上增加一个松弛项 $\xi_i \geq 0$，则有：

$$y_i(w^T X_i + w_0) \geq 1 - \xi_i, \ i=1, 2, \cdots, n \quad (6-41)$$

线性不可分情况下的最优分类面问题转化为求解如下的优化方程：

$$\begin{cases} \min \phi(w) = \frac{1}{2}(w \cdot w) + C\Big(\sum_{i=1}^{n} \zeta_i\Big) \\ y_i(w^T X_i + w_0) \geq 1 - \zeta_i, \ i=1, 2, \cdots, n \end{cases} \quad (6-42)$$

上述线性不可分情况的最优分类面问题对偶形式如下：

$$\begin{cases} \max L(a) = \sum_{i=1}^{n} a_i - \frac{1}{2}\sum_{i=1}^{n}\sum_{j=1}^{n} a_i a_j y_i y_j X_i^T X_j \\ 0 \leq a_i \leq C, \ i=1, 2, \cdots, n \\ \sum_{i=1}^{n} y_i a_i = 0 \end{cases} \quad (6-43)$$

三、非线性情况

当样本为非线性时，通过非线性映射将样本空间映射到高维线性特征空间，使其线性可分，并在其中构造出最优分类超平面，从而实现样本的分类。这种非线性映射被称为核函数。如果在式(6-39)中用核函数 $K(X_i, X_j)$ 代替最优分类面中的点积，这就相当于将原空间变换到了一个新的高维特征空间，则有：

$$L(a) = \sum_{i=1}^{n} a_i - \frac{1}{2}\sum_{i=1}^{n}\sum_{j=1}^{n} a_i a_j y_i y_j K(X_i, X_j) \quad (6-44)$$

则相应的分类决策函数为：

$$f(X) = \mathrm{sgn}\Big(\sum_{i=1}^{n} a_i^* y_i K(X_i, X) + w_0^*\Big) \quad (6-45)$$

常用核函数主要有：

（1）q 阶多项式核函数：

$$K(X_i, X) = (X_i \cdot X_j + 1)^q \quad (6-46)$$

(2) 径向核函数：

$$K(X_i, X) = \exp\left(-\frac{|X_i - X_j|^2}{\sigma^2}\right) \tag{6-47}$$

(3) 神经网络核函数：

$$K(X_i, X) = \tanh(c_1(X_i \cdot X_j) + c_2) \tag{6-48}$$

第5节　基于支持向量机的生产井多相流型识别

一、多类支持向量机算法

支持向量机的基本理论是针对两类识别问题提出的，不能直接用来解决多类识别问题。目前最常用的解决多类问题的支持向量机方法主要有"一对一"和"一对多"两种。

1. "一对一"分类法

"一对一"分类法是由 Kresse 提出的，基本思想是在 K 个类别中，构造所有可能的两类分类器，两两组合共需要 $K(K-1)/2$ 个两类分类器。识别时，对构成的多个两类分类器进行综合判断。常用的综合方式主要有以下几种。

1) 投票法支持向量机（MWVSVM）

在全部的 $K(K-1)/2$ 个两类分类器中，哪一类胜出的次数最多，则判定该样本属于该类。

2) 有向无环图支持向量机（DAGSVM）

对全部的两类分类器按照一定的顺序使用。例如，当 $K=3$ 时，即存在 3 个模式类别，需要 3 个二分类器 C_{12}、C_{13}、C_{23}，使用次序如图 6-18 所示。若顶层的 C_{13} 判断样本属于第三类，则进入右分支，然后由 C_{23} 判断，若判断样本为第三类，则最终结论为，该样本属于第三类；若由 C_{23} 判断该样本为第二类，则最终结

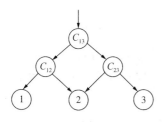

图 6-18　DAGSVM 结构示意图

论为，该样本属于第二类。应用 DAGSVM 方法进行多类识别时，只需进行 $\log_2^N + 1$ 次判断，提高了识别速度。

3) 突然死亡法

将 $K(K-1)/2$ 个二分类器分成若干组，先在组内进行识别，然后在小组的胜者之间进行识别，最后的胜者就是所要的结果。

4) 后验概率法（PWC）

设每个二分类器的输出是一个概率，然后由这个概率估计每类的后验概率，

最后按照后验概率的大小做出判决。

2. "一对多"分类法

"一对多"算法是由 Vapnik 提出的，基本思想是每次将其中一个类别的样本作为一类，其他不属于该类别的样本当作另外一类，最后的输出是二分类器输出最大的那一类。对于 K 个类别的分类，需要构造 K 个二分类器。此时，二分类器的决策函数如下：

$$f(X) = \arg\max_j [g_j(X)] \quad j = 1, 2, \cdots, K \tag{6-49}$$

其中，

$$g_j(X) = \sum_{i=1}^{n} a_i^* y_i K(X_i, X) + w_0^* \tag{6-50}$$

二、基于支持向量机的生产井多相流型识别

支持向量机在有限样本机器学习过程中，很大程度上解决了传统机器学习方法的问题，引起了很多学者的关注和研究。多类支持向量机中，为了避免拒绝分类情况的出现，一般采用分级聚类的方法。本节将分别采用本章第 3 节中提出的两种多相流型特征提取方法进行特征提取，然后采用分级聚类支持向量机 DAGSVM 法进行流型识别和分类。

1. 基于小波包特征提取的多相流型识别

采集泡状流、塞状流、波状流 3 种流型各 20 组共 60 组实验数据，经过 SK 和 EEMD 融合算法预处理后，采用本章第 3 节中提出的小波包能量、小波包信息熵、均值、标准差 4 个特征作为流型特征向量，取径向基函数式(6-47)作为支持向量机的核函数，采用分级聚类支持向量机 DAGSVM 法进行流型识别训练。

支持向量机中的参数优化对 SVM 模型预测精度具有非常重要的作用。常用的 SVM 参数寻优方法主要有实验法、网格搜索（grid search）法、遗传算法（genetic algorithm，简称 GA）寻优法、粒子群（particle swarm optimization，简称 PSO）寻优法等。其中网格搜索法是一种常用的 SVM 参数寻优方法，它的基本思想是将待搜索参数在一定的空间范围中划分成网格，通过遍历网格中所有的点来寻找最优参数。选用径向基函数的 SVM 参数包括惩罚参数 c 和径向基函数宽度 σ。采用网格搜索法在训练集内进行参数优化的 3D 图如图 6-19 所示。图 6-19 在 $c \in [2^{-8}, 2^8]$、$\sigma \in [2^{-8}, 2^8]$ 范围内，以 3 种流型的 60 组实验数据作为训练集，利用交叉验证（cross validation，简称 CV）法得到 c 和 σ 下训练集验证分类准确率，选取训练集验证分类准确率最高的那组 c 和 σ 作为最优参数，优化结果为：$c = 0.0039063$，$\sigma = 0.0039063$，训练样本集的分类准确率为：$Accuracy = 100\%$。

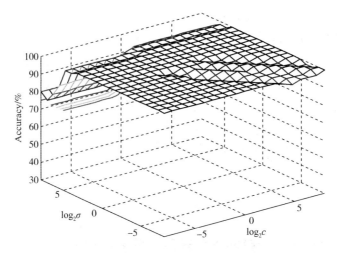

图 6-19 网格搜索法参数优化 3D 图

采集泡状流、塞状流、波状流 3 种流型各 10 组共 30 组实验数据作为测试样本，采用小波包能量、小波包信息熵、均值、标准差 4 个特征作为流型特征向量 T_1，采用以 $c=0.0039063$、$\sigma=0.0039063$ 为模型参数设计的 DAGSVM 分类器进行流型识别，测试结果见表 6-6。在表 6-6 中，测试样本序号 1~10 为泡状流，11~20 为塞状流，21~30 为弹状流。从识别结果可以看出，序号 1~10 全部识别为泡状流，11~20 中的序号 16 识别为泡状流，其余识别为塞状流，21~30 全部识别为弹状流。序号 16 出现了识别错误，将塞状流识别误判为泡状流，其余 29 个测试样本全部识别正确。正确识别样本数为 29，错误识别样本总数为 1，正确识别率为：29/30=96.667%。

表 6-6 采用特征向量 T_1 的识别结果

序号	特征向量											识别类型
	E_{30}/E	E_{31}/E	E_{32}/E	E_{33}/E	E_{34}/E	E_{35}/E	E_{36}/E	E_{37}/E	H	$\bar{s}$	SD	
1	0.9651	0.0290	0.0005	0.0029	0.0002	0.0002	0.0009	0.001	0.2528	0.8952	0.0064	泡状流
2	0.9722	0.0223	0.0005	0.0048	0.0001	0.0001	0	0	0.2076	0.8930	0.0105	泡状流
3	0.9685	0.0245	0.0004	0.0065	0	0	0	0.0001	0.2286	0.9448	0.0030	泡状流
4	0.9486	0.0454	0.0003	0.0057	0	0	0	0	0.3209	0.9063	0.0084	泡状流
5	0.9561	0.0408	0.0004	0.0026	0	0	0	0	0.2783	0.8842	0.0081	泡状流
6	0.978	0.0153	0.0004	0.002	0.0007	0.0018	0.0011	0.0007	0.1883	0.9038	0.0056	泡状流
7	0.9544	0.0427	0.0003	0.0025	0	0	0	0	0.2842	0.8972	0.0067	泡状流
8	0.9507	0.037	0.0009	0.0108	0.0001	0.0001	0.0001	0.0002	0.3322	0.88	0.0069	泡状流

续表

序号	特征向量											识别类型
	E_{30}/E	E_{31}/E	E_{32}/E	E_{33}/E	E_{34}/E	E_{35}/E	E_{36}/E	E_{37}/E	H	$\bar{s}$	SD	
9	0.9705	0.0257	0.0004	0.0033	0	0	0	0	0.2107	0.8878	0.0084	泡状流
10	0.9643	0.0337	0.0001	0.0019	0	0	0	0	0.2344	0.9129	0.0087	泡状流
11	0.4259	0.5045	0.0112	0.0572	0.0003	0.0004	0.0001	0.0004	1.3847	0.8627	0.0175	塞状流
12	0.7996	0.1489	0.01	0.0403	0.0002	0.0002	0.0003	0.0005	0.9338	0.8785	0.0172	塞状流
13	0.7775	0.1652	0.0152	0.0409	0.0001	0.0001	0.0005	0.0004	1.0053	0.8735	0.0145	塞状流
14	0.5413	0.3852	0.0152	0.0559	0.0005	0.0009	0.0005	0.0006	1.3601	0.9022	0.0164	塞状流
15	0.6219	0.2968	0.0156	0.0633	0.0002	0.0004	0.0005	0.0014	1.3173	0.8998	0.0108	塞状流
16	0.8202	0.1138	0.0088	0.0553	0.0003	0.0006	0.0003	0.0006	0.9029	0.9061	0.0190	泡状流
17	0.8136	0.1087	0.0189	0.0586	0.0001	0	0.0001	0.0001	0.9418	0.8714	0.0158	塞状流
18	0.4953	0.3919	0.042	0.0632	0.0003	0.0005	0.002	0.0049	1.5394	0.8509	0.0144	塞状流
19	0.5818	0.3255	0.0201	0.0708	0.0003	0.0005	0.0004	0.0007	1.3856	0.8815	0.0179	塞状流
20	0.5203	0.4081	0.0104	0.0586	0.0005	0.0003	0.001	0.0007	1.3535	0.9092	0.0131	塞状流
21	0.2890	0.2885	0.1180	0.1649	0.0072	0.0157	0.0572	0.0595	2.4514	0.8781	0.0220	弹状流
22	0.2217	0.3532	0.1042	0.1790	0.0092	0.0165	0.0644	0.0518	2.4324	0.8884	0.0188	弹状流
23	0.3274	0.3850	0.0506	0.1199	0.0095	0.0215	0.0525	0.0335	2.2127	0.901	0.0189	弹状流
24	0.3396	0.1577	0.1412	0.2105	0.0164	0.0192	0.0757	0.0396	2.4950	0.9133	0.0148	弹状流
25	0.2728	0.1890	0.1537	0.1932	0.0084	0.0128	0.1087	0.0615	2.5726	0.8702	0.0241	弹状流
26	0.2628	0.3115	0.0700	0.2485	0.0059	0.0133	0.0487	0.0393	2.3210	0.865	0.0319	弹状流
27	0.2576	0.4638	0.0707	0.0978	0.0108	0.0169	0.0462	0.0363	2.1649	0.886	0.0222	弹状流
28	0.341	0.1924	0.1337	0.1085	0.0111	0.0371	0.0822	0.0941	2.5878	0.8792	0.0212	弹状流
29	0.3584	0.1465	0.0648	0.2288	0.0077	0.0139	0.1176	0.0622	2.4315	0.8635	0.0269	弹状流
30	0.2638	0.3079	0.0999	0.1708	0.0079	0.0262	0.0622	0.0612	2.4869	0.8779	0.0184	弹状流

重新采集泡状流、塞状流、波状流3种流型各40组共120组实验数据作为测试样本，采用小波包能量、小波包信息熵、均值、标准差4个特征作为流型特征向量，使用所设计的DAGSVM分类器进行流型识别，正确识别样本数为116，错误识别样本总数为4，正确识别率为：$116/120 = 96.667\%$。此外，还对3种流型的120组测试数据的特征提取时间进行了计算，其中泡状流的特征提取时间为0.08326s，塞状流的特征提取时间为0.08414s，弹状流的特征提取时间为0.08849s。

2. 基于 EMD 法特征提取的多相流型识别

采集泡状流、塞状流、波状流 3 种流型各 20 组共 60 组实验数据,经过 SK 和 EEMD 融合算法预处理后,采用前文中提出的采用 EMD 信息熵、均值、标准差 3 个特征作为流型特征向量,取径向基函数式(6-47)作为支持向量机的核函数,采用分级聚类支持向量机 DAGSVM 法进行流型识别训练。

采集泡状流、塞状流、波状流 3 种流型各 10 组共 30 组实验数据作为测试样本,EMD 信息熵、均值、标准差 3 个特征作为流型特征向量 T_2,采用以 c = 48.5029、σ = 48.5029 为模型参数设计的 DAGSVM 分类器进行流型识别,测试结果见表 6-7。在表 6-7 中,测试样本序号 1~10 为泡状流,11~20 为塞状流,21~30 为弹状流。从识别结果可以看出,在序号 1~10 中,序号 3、4、7、8 发生了识别错误;在序号 11~20 中,序号 11、14、16、19 发生了识别错误;在序号 21~30 中,序号 21、23 发生了识别错误。错误识别样本总数为 10,正确识别样本数为 20,正确识别率为:20/30 = 66.67%。

表 6-7 特征向量 T_2 的识别结果

序号	H_E	$\bar{s}$	SD	识别类型
1	1.8735	0.8952	0.0064	泡状流
2	1.6476	0.893	0.0105	泡状流
3	2.3163	0.9448	0.003	塞状流
4	2.0872	0.9063	0.0084	塞状流
5	1.9553	0.8842	0.0081	泡状流
6	1.861	0.9038	0.0056	泡状流
7	2.2243	0.8972	0.0067	塞状流
8	2.0426	0.88	0.0069	塞状流
9	1.6967	0.8878	0.0084	泡状流
10	2.1249	0.9129	0.0087	泡状流
11	1.9654	0.8627	0.0175	弹状流
12	2.4162	0.8785	0.0172	塞状流
13	2.1857	0.8735	0.0145	塞状流
14	2.2969	0.9022	0.0164	弹状流
15	2.1653	0.8998	0.0108	塞状流
16	2.1675	0.9061	0.019	弹状流
17	2.1532	0.8714	0.0158	塞状流

续表

序号	H_E	$\bar{s}$	SD	识别类型
18	2.0469	0.8509	0.0144	塞状流
19	1.8802	0.8815	0.0179	泡状流
20	2.4924	0.9092	0.0131	塞状流
21	1.8497	0.8781	0.022	泡状流
22	2.1299	0.8884	0.0188	弹状流
23	2.5015	0.901	0.0189	塞状流
24	2.2776	0.9133	0.0148	弹状流
25	2.1325	0.8702	0.0241	弹状流
26	2.1081	0.865	0.0319	弹状流
27	2.0797	0.886	0.0222	弹状流
28	2.3243	0.8792	0.0212	弹状流
29	2.0084	0.8635	0.0269	弹状流
30	2.3476	0.8779	0.0184	弹状流

重新采集泡状流、塞状流、波状流 3 种流型各 40 组共 120 组实验数据作为测试样本，采用 EMD 信息熵、均值、标准差 3 个特征作为流型特征向量，使用所设计的 DAGSVM 分类器进行流型识别，正确识别样本数为 82，错误识别样本总数为 38，正确识别率为：82/120 = 68.33%。此外，还对 3 种流型的 120 组测试数据的特征提取时间进行了计算，其中泡状流的特征提取时间为 0.56275s，塞状流的特征提取时间为 0.56002s，弹状流的特征提取时间为 1.14709s。

第 6 节　识别结果及分析

采集泡状流、塞状流、波状流 3 种流型各 10 组共 30 组实验数据作为测试样本，分别采用小波包能量、小波包信息熵、均值、标准差 4 个特征作为流型特征向量 T_1 和 EMD 信息熵、均值、标准差 3 个特征作为流型特征向量 T_2，使用 DAGSVM 分类器进行流型识别，则特征向量 T_1 的正确识别率为 29/30 = 96.667%，则特征向量 T_2 的正确识别率为 20/30 = 66.67%。测试结果如表 6-6、表 6-7 所示。

重新采集泡状流、塞状流、波状流 3 种流型各 40 组共 120 组实验数据作为测试样本，分别采用小波包能量、小波包信息熵、均值、标准差 4 个特征作为流

型特征向量 T_1 和 EMD 信息熵、均值、标准差 3 个特征作为流型特征向量 T_2，使用 DAGSVM 分类器进行流型识别，特征向量 T_1 和特征向量 T_2 的测试结果比较如表 6-8 所示。由表 6-8 可以看出，采用特征向量 T_1 的正确识别率为 116/120 = 96.667%，采用特征向量 T_2 的正确识别率为 82/120 = 68.33%；采用特征向量 T_1 时，泡状流的特征提取时间为 0.08326s，塞状流的特征提取时间为 0.08414s，弹状流的特征提取时间为 0.08849s，3 种流型的平均特征提取时间为 0.0853s；采用特征向量 T_2 时，泡状流的特征提取时间为 0.56275s，塞状流的特征提取时间为 0.56002s，弹状流的特征提取时间为 1.14709s，3 种流型的平均特征提取时间为 0.7566s。

表 6-8 特征向量 T_1 和 T_2 测试结果对比

	特征提取时间/s			识别正确率
	泡状流	塞状流	弹状流	
特征向量 T_1	0.08326	0.08414	0.08849	116/120
特征向量 T_2	0.56275	0.56002	1.14709	82/120

由以上样本测试结果可知，采用小波包能量、小波包信息熵、均值、标准差 4 个特征作为流型特征向量 T_1，与 EMD 信息熵、均值、标准差 3 个特征作为流型特征向量 T_2 相比，平均特征提取时间缩短了 0.6713s，识别准确率提高了约 28%，更适合于生产井油、气、水多相流的泡状流、塞状流、弹状流等流型的准确识别。

参 考 文 献

[1] 林宗虎. 管路内气液两相流特性及其工程应用 [M]. 西安: 西安交通大学出版社, 1992.

[2] Lin Z. Two-phase flow measurements with sharp-edged orifices [J]. International Journal of Multiphase Flow, 1982, 8(6): 683-693.

[3] 林宗虎. 用 Herschel 文丘利管测量汽水混合物的干度及流量 [J]. 西安交通大学学报, 1982, 16(3): 25-34.

[4] Zhang H, Yuew T, Huang Z. Investigation of oil air two-phase mass flow rate measurement using Venturi and void fraction sensor [J]. Journal of Zhejiang University Science, 2005, 6 (6): 601-606.

[5] Hasan A, Lucas G. Experimental and theoretical study of the gas-water two phase flow through a conductance multiphase Venturi meter in vertical annular (wet gas) flow [J]. Nuclear Engineering and Design, 2011, 241(6): 1998-2005.

[6] Meng Z, Huang Z, Wang B, et al. Air-water two-phase flow measurement using a Venturi meter and an electrical resistance tomography sensor [J]. Flow Measurement and Instrumentation, 2010, 21(3): 268-276.

[7] Zhang F, Dong F, Tan C. High GVF and low pressure gas-liquid two-phase flow measurement based on dual-cone flowmeter [J]. Flow Measurement and Instrumentation, 2010, 21(3): 410-417.

[8] Tan C, Wu H, Wei C, et al. Experimental and numerical design of a long-waist cone flow meter [J]. Sensors and Actuators A: Physical, 2013, 199(9): 9-17.

[9] Hollingshead C, Johnson M, Barfuss S, et al. Discharge coefficient performance of Venturi, standard concentric orifice plate, V-cone and wedge flow meters at low Reynolds numbers [J]. Journal of Petroleum Science and Engineering, 2011, 78(3-4): 559-566.

[10] Jung S H, Kim J S, Kim J B, et al. Flow-rate measurements of a dual-phase pipe flow by cross-correlation technique of transmitted radiation signals [J]. Applied Radiation and Isotopes, 2009, 67(7-8): 1254-1258.

[11] Gurau B, Vassallo P, Keller K. Measurement of gas and liquid velocities in an air-water two-phase flow using cross-correlation of signals from a double sensor hot-film probe [J]. Experimental Thermal and Fluid Science, 2004, 28(6): 495-504.

[12] Chanson H. Fiber optic reflectometer for velocity and fraction ratio measurements in multiphase flow [J]. Review of Scientific Instruments, 2004, 74(1): 3559-3565.

[13] Lim H J, Chang K A, Su C B. Bubble velocity, diameter, and void fraction measurements in a multiphase flow using fiber optic reflectometer [J]. Review of Scientific Instruments, 2008, 79 (12): 105-125.

[14] Chivaa S, Juliaa J E, Hernandeza L. Experimental study on the two-phase flow characteristics using conductivity probes and laser doppler anemometry in a vertical pipe [J]. Chemical Engi-

neering Communications, 2009, 197(2): 180-191.

[15] Leeungculsatien T, Lucas G. Measurement of velocity profiles in multiphase flow using a multi-electrode electromagnetic flow meter [J]. Flow Measurement and Instrumentation, 2013, 31(6): 86-95.

[16] Sankey M H, Holland D J, Sederman A J, et al. Magnetic resonance velocity imaging of liquid and gas two-phase flow in packed beds [J]. Journal of Magnetic Resonance, 2009, 196(2): 142-148.

[17] Lemonnier H, Jullien P. On the use of nuclear magnetic resonance to characterize vertical two-phase bubbly flows [J]. Nuclear Engineering and Design, 2011, 241(3): 978-99.

[18] Alssayh M A, Husin S, Addali A, et al. Investigating the Capability of Acoustic Emission Technology to Determine Slug Velocity in Gas/Water Two Phase Flow in Horizontal Pipes [J]. Applied Mechanics and Materials, 2013, 315(4): 545-551.

[19] Sanderson M L, Yeung H. Guidelines for the use of ultrasonic non-invasive metering techniques [J]. Flow Meas. Instrum., 2002, 13(4): 125-142.

[20] Shen X, Matsui R, Mishima K, et al. Distribution parameter and drift velocity for two-phase flow in a large diameter pipe [J]. Nuclear Engineering and Design, 2010, 240(12): 3991-4000.

[21] Hakansson A, Fuchs L, Innings F, et al. Velocity measurements of turbulent two-phase flow in a high-pressure homogenizer model [J]. Chemical Engineering Communications, 2013, 200(1): 93-114.

[22] Henrya M P, Clarkea D W, Archera N, et. al. A self-validating digital Coriolis mass-flow meter: an overview [J]. Control Engineering Practice, 2000, 8(5): 487-506.

[23] Liua R P, Fuentb M J, Henrya M P, et. al. A neural network to correct mass flow errors caused by two-phase flow in a digital coriolis mass flowmeter [J]. Flow Measurement and Instrumentation, 2001, 12(1): 53-63.

[24] Smith R, Sparks D R, Riley D, et. al. A MEMS-Based Coriolis Mass Flow Sensor for Industrial Applications [J]. IEEE Transactions on Industrial Electronics, 2009, 56(4): 1066-1071.

[25] Haneveld J, Lammerink T, Boer M, et. al. Modeling, design, fabrication and characterization of a micro Coriolis mass flow sensor [J]. Journal of Micromechanics and Microengineering, 2010, 20(12): 125001.

[26] Zheng D, Nan Q, Shi J, et al. Experimental study on dynamic performance of coriolis mass flow meter and compensation technology [J]. Instruments and Experimental Techniques, 2012, 55(4): 503-507.

[27] Henry M, Tombs M, Zamora M, et. al. Coriolis mass flow metering for three-phase flow: A case study [J]. Flow Measurement and Instrumentation, 2013, 30(4): 112-122.

[28] 马龙博, 张宏建, 周洪亮等. 基于Coriolis流量计和SVM的油水两相流质量流量测量的研究 [J]. 高校化学工程学报, 2007, 21(2): 200-205.

[29] Stahl P, VonRohr P. On the accuracy of void fraction measurements by single-beam gamma-

densitometry for gas-liquid two-phase flows in pipes [J]. Experimental Thermal and Fluid Science, 2004, 28(6): 533-544.

[30] Park H S, Chung C H. Design and application of a single-beam gamma densitometer for void fraction measurement in a small diameter stainless steel pipe in a critical flow condition [J]. Nuclear Engineering and Technology, 2007, 39(4): 349-358.

[31] Zhao Y, Bi Q, Hu R. Recognition and measurement in the flow pattern and void fraction of gas-liquid two-phase flow in vertical upward pipes using the gamma densitometer [J]. Applied Thermal Engineering, 2013, 60(1-2): 398-410.

[32] Kumara W, Halvorsen B, Melaaen M. Single-beam gamma densitometry measurements of oil-water flow in horizontal and slightly inclined pipes [J]. International Journal of Multiphase Flow, 2010, 36(6): 467-480.

[33] Salgado C, Pereira C, Schirru R, et al. Flow regime identification and volume fraction prediction in multiphase flows by means of gamma-ray attenuation and artificial neural networks [J]. Progress in Nuclear Energy, 2010, 52(6): 555-562.

[34] Froystein T, Kvandal H, Aakre H. Dual energy gamma tomography system for high pressure multiphase flow [J]. Flow Measurement and Instrumentation, 2005, 16(2-3): 99-112.

[35] Roy S, Al-Dahhan M. Flow distribution characteristics of a gas-liquid monolith reactor [J]. Catalysis Today, 2005, 105(3-4): 396-400.

[36] Hjertaker B, Tjugum S, Hammer E, et al. Multimodality tomography for multiphase hydrocarbon flow measurements [J]. IEEE Sensors Journal, 2005, 5(2): 153-160.

[37] Hu B, Stewart C, Hale C, et al. Development of an x-ray computed tomography (ct) system with sparse sources: application to three-phase pipe flow visualization [J]. Experiments in Fluids, 2005, 39(4): 667-678.

[38] Theodore J, Joseph N, Terrence C. An x-ray system for visualizing fluid flows [J]. Flow Measurement and Instrumentation, 2008, 19 (2): 67-78.

[39] Prasser H, Misawa M, Tiseanu I. Comparison between wire-mesh sensor and ultra-fast x-ray tomograph for an air-water flow in a vertical pipe [J]. Flow Measurement and Instrumentation, 2005, 16(2-3): 73-83.

[40] 郝魁红, 王化祥, 高梅. 基于γ射线多相流成像系统图像重建算法 [J]. 核电子学与探测技术, 2007, 27(2): 184-186.

[41] 郝魁红, 曹咏娜, 赵林等. 基于CdZnTe探测器的γ射线过程成像探测系统 [J]. 核电子学与探测技术, 2009, 29(3): 554-557.

[42] Hampel U, Bieberle A, Hoppe D, et al. High resolution gamma ray tomography scanner for flow measurement and non-destructive testing applications [J]. Review of Scientific Instruments, 2007, 78(10): 1037041-1037049.

[43] Bieberle A, Hoppe D, Schleicher E, et al. Void measurement using high resolution gamma-ray computed tomography [J]. Nuclear Engineering and Design, 2011, 241(6): 2086-2092.

[44] George D, Shollenberger K, Torczynski J, et al. Three-phase material distribution

measurements in a vertical flow using gamma-densitometry tomography and electrical-impedance tomography [J]. International Journal of Multiphase Flow, 2001, 27(11): 1903-1930.

[45] Delvaux E, Germond B, Jha N. Combination of dual-energy gamma ray/venturi multiphase flowmeter and phase splitter for application in very high gas volume fraction environment [C]. Abu Dhabi International Conference and Exhibition, Abu Dhabi, United Arab Emirates, 10-13 October, 2004.

[46] Lucas G, Panagiotopoulos N. Oil volume fraction and velocity profiles in vertical, bubbly oil-in-water flows [J]. Flow Measurement and Instrumentation, 2009, 20 (3): 127-135.

[47] Ko M, Lee S, Lee B, et al. An electrical impedance sensor for water level measurements in air-water two-phase stratified flows [J]. Measurement Science and Technology, 2013, 24 (9): 095301.

[48] Kima J, Ahnb Y, Kima M. Measurement of void fraction and bubble speed of slug flow with three-ring conductance probes [J]. Flow Measurement and Instrumentation, 2009, 20 (3): 103-109.

[49] Ko M, Lee S, Lee B, et al. An electrical impedance sensor for water level measurements in air-water two-phase stratified flows [J]. Measurement Science and Technology, 2013, 24 (9): 095301.

[50] Ko M, Lee B, Won W, et al. An improved electrical-conductance sensor for void-fraction measurement in a horizontal pipe [J]. Nuclear Engineering & Technology, 2015, 47 (7): 804-813.

[51] Demori M, Ferrari V, Strazza D, et al. A capacitive sensor system for the analysis of two-phase flows of oil and conductive water [J]. Sensors and Actuators A: Physical, 2010, 163(1): 172-179.

[52] Demori M, Ferrari V, Strazza D. Capacitive sensor system for investigation of two-phase flow in pipes [J]. Sensors and Microsystems, 2010, 54: 419-423.

[53] Silva M, Thiele S, AbdulkareemL, et al. High-resolution gas-oil two-phase flow visualization with a capacitance wire-mesh sensor [J]. Flow Measurement and Instrumentation, 2010, 21 (3): 191-197.

[54] Silva M, Hampel U. Capacitance wire-mesh sensor applied for the visualization of three-phase gas-liquid-liquid flows [J]. Flow Measurement and Instrumentation, 2013, 34 (6): 113-117.

[55] Murzyn F, Mouaze D, Chaplin J. Optical fiber probe measurements of bubbly flow in hydraulic jumps [J]. International Journal of Multiphase Flow, 2005, 31(1): 141-154.

[56] Mena P, Rocha F, Teixeira J, et al. Measurement of gas phase characteristics using a monofibre optical probe in a three-phase flow [J]. Chemical Engineering Science, 2008, 63 (16): 4100-4115.

[57] Shen X, Mishima K, Nakamura H. Error reduction, evaluation and correction for the intrusive optical four-sensor probe measurement in multi-dimensional two-phase flow [J]. International

Journal of Heat and Mass Transfer, 2008, 51(3-4): 882-895.

[58] Vejražka J, Večeř M, Orvalho S, et al. Measurement accuracy of a mono-fiber optical probe in a bubbly flow [J]. International Journal of Multiphase Flow, 2010, 36(7): 533-548.

[59] Mizushima Y, Saito T. Detection method of a position pierced by a single-tip optical fibre probe in bubble measurement [J]. Measurement Science and Technology, 2012, 23(8): 085308.

[60] Mizushima Y, Sakamoto A, Saito T. Measurement technique of bubble velocity and diameter in a bubble column via single-tip optical-fiber probing with judgment of the pierced position and angle [J]. Chemical Engineering Science, 2013, 100(2): 98-104.

[61] Pjontek D, Parisien V, Macchi A. Bubble characteristics measured using a monofibre optical probe in a bubble column and freeboard region under high gas holdup conditions [J]. Chemical Engineering Science, 2014, 111(8): 153-169.

[62] Felder S, Chanson H. Phase-detection probe measurements in high-velocity free-surface flows including a discussion of key sampling parameters [J]. Experimental Thermal and Fluid Science, 2015, 61(2): 66-78.

[63] Tan C, Wu H, Dong F. Horizontal oil-water two-phase flow measurement with information fusion of conductance ring sensor and cone meter [J]. Flow Measurement and Instrumentation, 2013, 34(12): 83-90.

[64] Abbas H, Lucas G. Experimental and theoretical study of the gas-water two phase flow through a conductance multiphase Venturi meter in vertical annular (wet gas) flow [J]. Nuclear Engineering and Design, 2011, 241(6): 1998-2005.

[65] Zheng G, Jin N, Jia X, et al. Gas-liquid two phase flow measurement method based on combination instrument of turbine flowmeter and conductance sensor [J]. International Journal of Multiphase Flow, 2008, 34(11): 1031-1047.

[66] Cillierts J, Xie W, Neethling S, et. al. Electrical resistance tomography using a bidirectional current pulse technique [J]. Measurement Science and Technology, 2001, 12(8): 997-1001.

[67] Boltona G, Hooperb C, Mannc R, et. al. Flow distribution and velocity measurement in a radial flow fixed bed reactor using electrical resistance tomography [J]. Chemical Engineering Science, 2004, 59(10): 1989-1997.

[68] Razzak S, Barghi S, Zhu J. Electrical resistance tomography for flow characterization of a gas-liquid-solid three-phase circulating fluidized bed [J]. Chemical Engineering Science, 2007, 62(24): 7253-7263.

[69] Li H, Wang M, Wu Y, et. al. Measurement of oil volume fraction and velocity distributions in vertical oil-in-water flows using ERT and a local probe [J]. Journal of Zhejiang University Science, 2005, 6(12): 1412-1415.

[70] 董峰, 许燕斌. 电阻层析成像技术在两相流测量中的应用 [J]. 工程热物理学报, 2006, 27(5): 791-794.

[71] Yu J, Huang Z, Ji H, et. al. Image reconstruction algorithm of electrical resistance tomography

for the measurement of two-phase flow [C]. Proceedings of IEEE Sensors, Toronto, Canada, October 22-24, 2003: 63-66.

[72] Yu J, Ji H, HuangZ, et. al. Quasi-Newton method in electrical resistance tomography for measurement of two-phase flow [C]. Proceeding of the 3rd International Symposium on Instrumentation Science and Technology, Xi'an, China, 2004: 293-296.

[73] Zhu J, Wang B, Huang Z, et. al. Design of ERT system [J]. Journal of Zhejiang University Science, 2005, 6 (12): 1446-1448.

[74] Wang R, Lee B, Lee J, et al. Analytical estimation of liquid film thickness in two-phase annular flow using electrical resistance measurement [J]. Applied Mathematical Modelling, 2012, 36(7): 2833-2840.

[75] Zhao X, Lucas G. Use of a novel dual-sensor probe array and electrical resistance tomography for characterization of the mean and time-dependent properties of inclined, bubbly oil-in-water pipe flows [J]. Measurement Science and Technology, 2011, 22(10): 104012.

[76] Ye J, Peng L, Wang W, et al. Optimization of helical capacitance sensor for void fraction measurement of gas-liquid two-phase flow in a small diameter tube [J]. IEEE Sensors Journal, 2011, 11(10): 2189-2196.

[77] Ye J, Peng L, Wang W, et al. Helical capacitance sensor-based gas fraction measurement of gas-liquid two-phase flow in vertical tube with small diameter [J]. IEEE Sensors Journal, 2011, 11(8): 1704-1710.

[78] Jin Z, Xie Z, Gai G. Simulation study of spiral electrode capacitance sensor for measuring concentration of gas-solid two-phase flow [J]. Advanced Materials Research, 2012, 508(4): 170-173.

[79] Demori M, Ferrari V, Strazza D, et al. A capacitive sensor system for the analysis of two-phase flows of oil and conductive water [J]. Sensors and Actuators A: Physical, 2010, 163(1): 172-179.

[80] Demori M, Ferrari V, Strazza D. Capacitive Sensor System for Investigation of Two-Phase Flow in Pipes [J]. Sensors and Microsystems, 2010, 54: 419-423.

[81] Gijsenbergh P, Driesen M, Jourand P, et al. Integrated Void Fraction Sensors for Two-phase, Microfluidic Systems [J]. Procedia Engineering, 2012, 47: 643-646.

[82] Jaworek A, Krupa A. Gas/liquid ratio measurements by rf resonance capacitance sensor [J]. Sensors and Actuators A: Physical, 2004, 113(2): 133-139.

[83] Jaworek A, Krupa A, Trela M. Capacitance sensor for void fraction measurement in water/steam flows [J]. Flow Measurement and Instrumentation, 2004, 15 (5-6): 317-324.

[84] Jaworek A, Krupa A. Phase-shift detection for capacitance sensor measuring void fraction in two-phase flow [J]. Sensors and Actuators A, 2010, 160 (1-2): 78-86.

[85] Ahmed W. Capacitance sensors for void-fraction measurements and flow-pattern identificationin air-oil two-phase flow [J]. IEEE Sensors Journal, 2006, 6(5): 1153-1163.

[86] Chiang C, Huang Y. A semicylindrical capacitive sensor with interface circuit used for flow rate

measurement [J]. IEEE Sensors Journal, 2006, 6(6): 1564-1570.

[87] Emerson D, Leonardo G. Characterization of slug flows in horizontal piping by signal analysis from a capacitive probe [J]. Flow Measurement and Instrumentation, 2010, 21 (3): 347-355.

[88] Emerson D, Leonardo G. A non-intrusive probe for bubble profile and velocity measurement in horizontal slug flows [J]. Flow Measurement and Instrumentation, 2005, 16 (4): 229-239.

[89] Emerson D, Leonardo G. A procedure for correcting for the effect of fluid flow temperature variation on the response of capacitive void fraction meters [J]. Flow Measurement and Instrumentation, 2005, 16 (4): 267-274.

[90] Wang W, Wang B, Huang Z, et al. Voidage measurement based on genetic algorithm and electrical capacitance tomography [J]. Journal of Zhejiang University SCIENCE, 2005, 6 (12): 1441-1445.

[91] Li Q, Huang Z, Wang B, et al. On-line voidage measurement of two-phase flow based on ant system algorithm[C]. IEEE Instrumentation and Measurement Technology Conference Proceedings, 2006: 683-686.

[92] 王微微, 王保良, 黄志尧等. 利用电容层析成像技术快速测量油气两相流空隙率的研究 [J]. 高校化学工程学报, 2006, 20(4): 515-519.

[93] Li Q, Huang Z, Wang B, et. al. Online voidage measurement of two-phase flow based on the ant system algorithm [J]. IEEE Transactions on Instrumentation and Measurement, 2009, 58 (2): 411-415.

[94] Cao Z, Wang H. Electromagnetic model and image reconstruction algorithms based on EIT system [J]. Transactions of Tianjin University, 2006, 12(6): 420-424.

[95] Cao Z, Wang H, Yang W, et, al. A calculable sensor for electrical impedence tomography [J]. Sensors and Actuators A: Physical, 2007, 140 (2): 156-161.

[96] Wang H, Tang L, Cao Z. An image reconstruction algorithm based on total variation with adaptive mesh refinement for ECT [J]. Flow Measurement and Instrumentation, 2007, 18(5-6): 262-267.

[97] 姜剑, 王化祥. 两相流电容层析成像系统 [J]. 测试技术学报, 2009, 23(6): 540-544.

[98] Cui Z, Wang H, Chen Z, et al. A high-performance digital system for electrical capacitance tomography [J]. Measurement Science and Technology, 2011, 22(5): 055503.

[99] Cao Z, Xu L, Fan W, et al. Electrical capacitance tomography with a non-circular sensor using the dbar method [J]. Measurement Science and Technology, 2010, 21(1): 015502.

[100] Banasiak R, Soleimani M. Shape based reconstruction of experimental data in 3Delectrical capacitance tomography [J]. NDT & E International, 2010, 43(3): 241-249.

[101] Banasiak R, Ye Z, Soleimani M. Improving Three-Dimensional Electrical Capacitance Tomography Imaging Using Approximation Error Model Theory [J]. Journal of Electromagnetic Waves and Applications, 2012, 26(2-3): 411-421.

[102] Wang H, Yang W. Measurement of fluidised bed dryer by different frequency and different nor-

malisation methods with electrical capacitance tomography [J]. Powder Technology, 2010, 199(1): 60-69.

[103] Rimpiläinen V, Heikkinen L, Vauhkonen M. Moisture distribution and hydrodynamics of wet granules during fluidized-bed drying characterized with volumetric electrical capacitance tomography [J]. Chemical Engineering Science, 2012, 75(6): 220-234.

[104] Olmos A, Carvajal M, Morales D, et al. Development of an Electrical Capacitance Tomography system using four rotating electrodes [J]. Sensors and Actuators A: Physical, 2008, 148(2): 366-375.

[105] Matusiak B, Silva M, Hampel U, et al. Measurement of dynamic liquid distributions in a fixed bed using electrical capacitance tomography and capacitance wire-mesh sensor [J]. Industrial & Engineering Chemistry Research, 2010, 49(5): 2070-2077.

[106] Deng X, Yang W. Fusion research of electrical tomography with other sensors for two-phase flow measurement [J]. Measurement Science Review, 2012, 12(2): 62-67.

[107] Zhang J, Hu H, Dong J, et al. Concentration measurement of biomass/coal/air three-phase flow by integrating electrostatic and capacitive sensors [J]. Flow Measurement and Instrumentation, 2012, 24(4): 43-49.

[108] Li X, Huang Z, Wang B, et al. A new method for the online voidage measurement of the gas-oil two-phase flow [J]. IEEE Transactions on Instrumentation and Measurement, 2009, 58(5): 1571-1577.

[109] Silva M, Thiele S, Abdulkareem L, et al. High-resolution gas-oil two-phase flow visualization with a capacitance wire-mesh sensor [J]. Flow Measurement and Instrumentation, 2010, 21(3): 191-197.

[110] 李利品, 党瑞荣, 黄燕群. 层析成像技术在多相流中的研究动态 [J]. 地球物理学进展, 2012, 27(2): 651-659.

[111] Guangtian M, Artur J, Jaworski W. Composition measurements of crude oil and process water emulsions using thick-film ultrasonic transducers [J]. Chemical Engineering and Processing, 2006, 45(5): 383-391.

[112] Murakawa H, Kikura H, Aritomi M. Application of ultrasonic multi-wave method for two-phase bubbly and slug flows [J]. Flow Measurement and Instrumentation, 2008, 19(3): 205-213.

[113] Murai Y, Tasaka Y, Nambu Y, et. al. Ultrasonic detection of moving interfaces in ga-liquid two-phase flow [J]. Flow Measurement and Instrumentation, 2010, 21(3): 356-366.

[114] Meribout M, Al-Rawahi N, Al-Naamany A, et al. Integration of impedance measurements with acoustic measurements for accurate two phase flow metering in case of high water-cut [J]. Flow Measurement and Instrumentation, 2010, 21(1): 8-19.

[115] Andruszkiewicz A, Eckert K, Eckert S, et al. Gas bubble detection in liquid metals by means of the ultrasound transit-time-technique [J]. The European Physical Journal Special Topics, 2013, 220(1): 53-62.

[116] Su M, Xue M, Hou H, et al. Measuring the concentration and size of particle in two-phase system with ultrasonic velocity method [C]. AIP Conference Proceedings, 2009, 11-15 July, Xi'an, China, 1207(1): 275-277.

[117] 刘继承, 刘兴斌, 庄海军等. 非集流油水两相含率超声波测量方法的实验研究 [J]. 测井技术, 2005, 29(5): 453-455.

[118] Zhai L, Jin N, Gao Z, et al. The ultrasonic measurement of high water volume fraction in dispersed oil-in-water flows [J]. Chemical Engineering Science, 2013, 94(5): 271-283.

[119] Baker O. Pipelines for simultaneous flow of oil and gas [J]. The Oil and Gas Journal, 1954, 53(12): 185-195.

[120] Scott D. Properties of co-current gas-liquid flow [J]. Advances in Chemical Engineering, 1963, 4: 199-277.

[121] Hewitt G, Roberts D. Studies of two-phase flow patterns by simultaneous X-ray and flash photography [J]. Atomic Energy Research Establishment Harwell, 1969. https://www.osti.gov/biblio/4798091-studies-two-phase-flow-patterns-simultaneous-ray-flast-photography.

[122] Mandhane J, Gregory A, Aziz K. A flow pattern map for gas-liquid flow in horizontal pipes [J]. International Journal of Multiphase Flow, 1974, 1(4): 537-553.

[123] Shiea M, Mostoufi N, Sotudeh-Gharebagh R. Comprehensive study of regime transitions throughout a bubble column using resistivity probe [J]. Chemical Engineering Science, 2013, 100(8): 15-22.

[124] Cai J, Li C, Tang X, et al. Experimental study of water wetting in oil-water two phase flow-Horizontal flow of model oil [J]. Chemical Engineering Science, 2012, 73(5): 334-344.

[125] Wang X, Yong Y, Fan P, et al. Flow regime transition for cocurrent gas-liquid flow in microchannels [J]. Chemical Engineering Science, 2012, 69(1): 578-586.

[126] Taitel Y, Dukler A. A model for predicting flow regime transitions in horizontal and nearhorizontal gas-liquid flow [J]. AIChE Journal, 1976, 22(1): 47-55.

[127] Weisman J. Effects of fluid properties and pipes diameter on two phase flow patterns in horizontal lines [J]. International Journal of Multiphase Flow, 1979, 5(6): 437-462.

[128] Lu Z, Zhang X. Identification of flow patterns of two-phase flow by mathematical modeling [J]. Nuclear Engineering Design, 1994, 149(1-3): 111-116.

[129] Julia J, Hibiki T. Flow regime transition criteria for two-phase flow in a vertical annulus [J]. International Journal of Heat and Fluid Flow, 2011, 32(5): 993-1004.

[130] Dalkilic A, Wongwises S. An investigation of a model of the flow pattern transition mechanism in relation to the identification of annular flow of R134a in a vertical tube using various void fraction models and flow regime maps [J]. Experimental Thermal and Fluid Science, 2010, 34(6): 692-705.

[131] Jana A, Dasa G, Das P. Flow regime identification of two-phase liquid-liquid upflow through vertical pipe [J]. Chemical Engineering Science, 2006, 61(5): 1500-1515.

[132] Ellis N, Briens L, Grace J, et. al. Characterization of dynamic behaviour in gas-solid

turbulent fluidized bed using chaos and wavelet analyses[J]. Chemical Engineering Journal, 2003, 96(1-3): 105-116.

[133] Luo L, Yan Y, Xie P, et al. Hilbert-Huang transform, Hurst and chaotic analysis based flow regime identification methods for an airlift reactor[J]. Chemical Engineering Journal, 2012, 181-182(2): 570-580.

[134] 金宁德, 郑桂波, 陈万鹏. 气液两相流电导波动信号的混沌递归特性分析[J]. 化工学报, 2007, 58(5): 1172-1179.

[135] 肖楠, 金宁德. 基于混沌吸引子形态特性的两相流流型分类方法研究[J]. 物理学报, 2007, 56(9): 5149-5157.

[136] 郑桂波, 金宁德. 两相流流型多尺度熵及动力学特性分析[J]. 物理学报, 2009, 58(7): 4485-4491.

[137] Lee J, Kim N, Ishii M. Flow regime identification using chaotic characteristics of two phase flow[J]. Nuclear Engineering and Design, 2008, 238(4): 945-957.

[138] Nedeltchev S, Shaikh A, Al-Dahhan M. Flow regime identification in a bubble column via nuclear gauge densitometry and chaos analysis[J]. Chemical Engineering & Technology, 2011, 34(2): 225-233.

[139] 孙斌, 段晓松, 周云龙. 双谱核主元分析在气液两相流流型识别中的应用[J]. 化工学报, 2009, 60(4): 855-863.

[140] Luo L, Xu Y, Yuan J. Identification of flow regime transitions in an annulus sparged internal loop airlift reactor based on higher order statistics and Winger trispectrum[J]. Chemical Engineering Science, 2011, 66(21): 5224-5235.

[141] Li W, Zhong W, Jin B. Flow regime identification in a three-phase bubble column based on statistical, Hurst, Hilbert-Huang transform and Shannon entropy analysis[J]. Chemical Engineering Science, 2013, 102(10): 474-485.

[142] Wang Q, Wang H, Hao K, et al. Two-phase flow regime identification based on cross-entropy and information extension methods for computerized tomography[J]. IEEE Transactions on Instrumentation and Measurement, 2011, 60(2): 488-495.

[143] Luo L, Yan Y, Xu Y, et al. Time-frequency analysis based flow regime identification methods for airlift reactors[J]. Industrial and Engineering Chemistry Research, 2012, 51(20): 7104-7112.

[144] Mahvash A, Ross A. Two-phase flow pattern identification using continuous hidden Markov model[J]. International Journal of Multiphase Flow, 2008, 34(3): 303-311.

[145] Stoyan N, Shreekanta A, Farai Z, et al. Flow regime identification in three multiphase reactors based on Kolmogorov Entropies derived from gauge pressure fluctuations[J]. Journal of chemical engineering of Japan, 2012, 45(9): 757-764.

[146] 王强, 周云龙, 崔玉峰等. EMD与神经网络在气液两相流流型识别中的应用[J]. 工程热物理学报, 2007, 28(3): 442-444.

[147] Salgado C, Pereira C, Schirru R, et. al. Flow regime identification and volume fraction predic-

tion in multiphase flows by means of gamma-ray attenuation and artificial neural networks [J]. Progress in Nuclear Energy, 2010, 52(6): 555-562.

[148] Hernansez L, Enrique J, Ozar B, et al. Flow regime identification in boiling two-phase flow in a vertical annulus [J]. Journal of fluids engineering, 2011, 133(9): 091304.1-091304.10.

[149] Sidharth P, Susan N, Suresh V. Electrical impedance-based void fraction measurement and flow regime identification in microchannel flows under adiabatic conditions [J]. International Journal of Multiphase Flow, 2012, 42, 175-183.

[150] 周云龙, 顾杨杨. 基于独立分量分析和 RBF 神经网络的气液两相流流型识别 [J]. 化工学报, 2012, 63(3): 796-799.

[151] 周云龙, 李莹, 赵红梅. 基于图像动态纹理特征的气固流化床流型识别 [J]. 化学工程, 2011, 39(12): 59-63.

[152] Juliá J, Liu Y, Paranjape S, et. al. Upward vertical two-phase flow local flow regime identification using neural network techniques [J]. Nuclear Engineering and Design, 2008, 238(1): 156-169.

[153] Tambouratzis T, Pázsit I. Non-invasive on-line two-phase flow regime identification employing artificial neural networks [J]. Annals of Nuclear Energy, 2009, 36(4): 464-469.

[154] Tambouratzis T, Pázsit I. A general regression artificial neural network for two-phase flow regime identification [J]. Annals of Nuclear Energy, 2010, 37(5): 672-680.

[155] Benjamin K, Rainer H, Maths H. Estimation of volume fractions and flow regime identification in multiphase flow based on gamma measurements and multivariate calibration [J]. Flow Measurement and Instrumentation, 2012, 23(1): 56-65.

[156] Wang H, Zhang L. Identification of two-phase flow regimes based on support vector machine and electrical capacitance tomography [J]. Measurment Science and Technology, 2009, 20(11): 114007.

[157] 白博峰, 张少军, 赵亮等. 多相流流型在线识别理论研究 [J]. 中国科学 E 辑: 技术科学, 2009, 39(4): 655-660.

[158] 李洪伟, 周云龙, 任素龙等. 符号动力学信息熵在气液两相流型电导信号分析中的应用 [J]. 化工学报, 2012, 63(11): 3486-3492.

[159] 高忠科, 金宁德, 杨丹等. 多元时间序列复杂网络流型动力学分析 [J]. 物理学报, 2012, 61(12): 120510.

[160] 孙斌, 王二朋, 郑永军. 气液两相流波动信号的时频谱分析研究 [J]. 物理学报, 2011, 60(1): 014701.

[161] Hewitt G. Measurement of two-phase flow parameters [M]. London and New York, Academic Press, 1978.

[162] Taitel Y, Dukler A. Modeling flow pattern transitions for steady upward gas-liquid flow in vertical tubes [J]. AIChE Journal, 1980, 26(3): 345-354.

[163] Weisman J, Kang S. Flow pattern transitions in vertical and upwardly inkling line [J]. Interna-

[164] Griffith P, Wallis G. Two-phase slug flow [J]. Journal of Heat Transfer, 1960, 83(3): 307-318.

[165] Benzi R, Stuera A, Vulpiani A. The mechanism of stochastic resonance [J]. Journal of Physics A: Mathmatical General, 1981, 14(5): 453-457.

[166] MeNamara B, Wiesenfeld K. Theory of stochastic resonance [J]. Physical Review A, 1989, 39(9): 4854-4869.

[167] Gammaitoni L, Ha¨nggi P, Jung P, et. al. Stochastic resonance [J]. Reviews of Modern Physics, 1998, 70(1): 223-287.

[168] Huang N, Shen Z, Long S, et. al. The empirical mode decomposition method and the hilbert spectrum for non-stationary time series analysis [J]. Processings of the Royal Society A: Mathmatical, Physical and Engineering Sciences, 1998, 454(1971): 903-995.

[169] Huang N, Shen Z, Long S, et al. A new view of nonlinear water waves: the Hilbert spectrum [J]. Annual Review of Fluid Mechanics, 1999, 31: 417-457.

[170] Huang N, Wu M, Long S. A confidence Limit for the Empirical mode decomposition and the Hilbert spectral analysis [J]. Proceedings of the Royal Society A: Mathmatical, Physical and Engineering Sciences, 2003, 459(2037): 2317-2345.

[171] 冯若. 超声手册[M]. 南京: 南京大学出版社, 1999, 394-395.

[172] 张政伟, 樊养余, 曾黎. 一种精确检测未知弱复合周期信号频率的非线性融合方法[J]. 物理学报, 2006, 55(10): 5115-5121.

[173] 高晋占. 微弱信号检测[M]. 北京: 清华大学出版社, 2005: 19-24.

[174] He Q, Wang J. Effects of multiscale noise tuning on stochastic resonance for weak signal detection [J]. Digital Signal Processing, 2012, 22(4): 614-621.

[175] He Q, Wang J, Liu Y, et al. Multiscale noise tuning of stochastic resonance for enhanced fault diagnosis in rotating machines [J]. Mechanical Systems and Signal Processing, 2012, 28(4): 443-457.

[176] He Q, Wang J. Effects of multiscale noise tuning on stochastic resonance for weak signal detection [J]. Digital Signal Processing, 2012, 22(4): 614-621.

[177] 冷永刚. 基于Kramers逃逸速率的调参随机共振机理[J]. 物理学报, 2009, 58(8): 5196-5200.

[178] 夏均忠, 刘远宏. 马宗坡等. 基于调制随机共振的微弱信号检测研究[J]. 振动与冲击, 2012, 31(3): 132-135.

[179] Duan F, Chapeau-Blondeau F, Abbott D. Exploring weak-periodic-signal stochastic resonance in locally optimal processors with a Fisher information metric [J]. Signal Processing, 2012, 92(12): 3049-3055.

[180] Har V, Anand G, Premkumar A, et al. Design and performance analysis of a signal detector based on suprathreshold stochastic resonance [J]. Signal Processing, 2012, 92(7): 1745-1757.

[181] 李利品，党瑞荣，樊养余．双阈值二元阵列信道中的随机共振特性研究［J］．仪器仪表学报，2013，34（6）：1260-1265．

[182] Li J，Chen X，He Z. Adaptive stochastic resonance method for impact signal detection based on sliding window［J］. Mechanical Systems and Signal Processing，2013，36（2）：240-255．

[183] Hanggi P，Inchiosa M，Fogliatti D，et al. Nonlinear stochastic resonance：The saga of anomalous output-input gain［J］. Physical Review E，2000，62（5）：6155-6163．

[184] 樊养余，李利品，党瑞荣．基于随机共振的任意大频率微弱信号检测方法研究［J］．仪器仪表学报，2013，34（3）：566-572．

[185] Abdullah A，Zareh A. A nonintrusive auto-transformer technique for the measurement of void fraction［J］. Experimental Thermal and Fluid Science，1996，13（2）：92-97．

[186] 李利品．基于DSP的高精度超声波流量控制系统［J］．仪表技术与传感器，2009，（3）：132-133．

[187] 郝耀民，陈欢，李利品．基于超声多普勒流量测量放大电路设计及仿真［J］．电子世界，2019，（4）：196-197．

[188] Begovich J，Watson J. An electroconductivity technique for the measurement of axial variation of holdups in three-phase fluidized beds［J］. AIChE Journal，1978，24（2）：351-354．

[189] 李利品，党瑞荣等．油水两相流中2种含水率计算模型比较［J］．仪器仪表学报，2012，33（4）：924-929．

[190] 赵东升，李利品，赵凤等．基于电导传感器的含水率测量技术研究［J］．电子测试，2012，（6）：10-14．

[191] 吴文杰，李利品，王杏卓等．多道能谱仪ARM与FPGA高速数据并行通信设计［J］．核电子学与探测技术，2017，（11）：1151-1155．

[192] 王琪，李利品，郭锦涛等．基于C8051F500的数控恒流源设计［J］．电子制作，2014，（5）：5-6．

[193] Boudraa A，Cexus J. EMD-based signal filtering［J］. IEEE Transactions on Instrumentation and Measurement，2007，56（6）：2196-2202．

[194] Boudraa A，Cexus J. Denoising via empirical mode decomposition［C］. Proceedings of the IEEE International Symposium on Control Communications and Signal Processing，Marrakech，Morocco：2006，4-8．

[195] Rosero J，Romeral L，Ortega J，et al. Short-circuit detection by means of empirical mode decomposition and wigner-ville distribution for pmsm running under dynamic condition［J］. IEEE Transactions On Industrial Electronics，2009，56（11）：4537-4547．

[196] Qian X，Gu G，Zhou W. Modified detrended fluctuation analysis based on empirical mode decomposition for the characterization of anti-persistent processes［J］. Physical A，2011，390（7）：4388-4395．

[197] Demir B，Ertürk S. Empirical mode decomposition of hyperspectral images for support vector machine classification［J］. IEEE Transactions on Geoscience and Remote Sensing，2010，48（11）：4071-4084．

[198] Rehman N, Mandic. Empirical Mode Decomposition for Trivariate Signals [J]. IEEE Transactions on Signal Processing, 2010, 58(3): 1059-1068.

[199] Wu Z, Huang N. A study of the characteristics of white noise using the empirical mode decomposition method [J]. Processings of the Royal Society A: Mathmatical, Physical and Engineering Sciences, 2004, 460(6): 1597-1611.

[200] Wu Z, Huang N. Ensemble empirical mode decomposition: a noise–assisted data analysis method [J]. Advances in Adaptive Data Analysis, 2009, 1(1): 1-41.

[201] Flandrin P, Rilling G, Gonçalvés P. Empirical mode decomposition as a filter bank [J]. IEEE Signal processing letters, 2004, 11(2): 112-114.

[202] 李利品,郝耀民,黄燕群. 基于EEMD的HHT多尺度油气水多相流动力学特性研究 [J]. 化工自动化仪表, 2019, (1): 46-53.

[203] 李利品,党瑞荣,樊养余. 改进的EEMD算法及其在多相流检测中的应用 [J]. 仪器仪表学报, 2014, 35(10): 2365-2371.

[204] Antoni J. The spectral kurtosis: a useful tool for characterizing non-stationary signals [J]. Mechanical Systems and Signal Processing, 2006, 20(2): 282-307.

[205] Antoni J, Randall R. The spectral kurtosis: application to the vibratory surveillance and diagnostics of rotating machines [J]. Mechanical Systems and Signal Processing, 2006, 20(2): 308-331.

[206] Antoni J. Fast computation of the kurtogram for the detection of transient faults [J]. Mechanical Systems and Signal Processing, 2007, 21(1): 108-124.

[207] Li L, Dang R, Zhao D, et al. The Analysis and study on electromagnetic field of conductance water fraction sensor [C]. CISP2010, Yantai, China, October 16-18, 2010: 4271-4275.

[208] 李利品,党瑞荣,孙亮亮等. 生产井储层流量在线监测装置研究 [J]. 计量学报, 2013, 34(4): 350-355.

[209] Trafalis T, Oladunni O. Pairwise Multi-classification Support Vector Machines: Quadratic Programming (QP-PAMSVM) formulations[C]. Proceedings of the 6th WSEASInternational Conference on Neural Networks, Lisbon, Portugal, June 16-18, 2005: 205-210.

[210] Vapnik V. Statictical learning theory [M]. New York: Wiley-Interscience, 1998.

[211] Hsu C, Lin C. A comparison of methods for multi-class support vector machines [J]. IEEE Transactions on Neural Networks, 2002, 13(2): 415-425.

[212] Kimotho J, Sondermann-Woelke C, Meyer T, et al. Machinery Prognostic Method Based on Multi-Class Support Vector Machines and Hybrid Differential Evolution-Particle Swarm Optimization [J]. Chemical Engineering transactions, 2013, 33: 619-624.

[213] Lee S, Seo K. Intelligent Fault Diagnosis Based on a Hybrid Multi-Class Support Vector Machines and Case-Based Reasoning Approach [J]. Journal of Computational and Theoretical Nanoscience, 2013, 10(8): 1727-1734.

[214] He X, Wang Z, Jin C, et al. A simplified multi-class support vector machine with reduced dual optimization [J]. Pattern Recognition Letters, 2012, 33(1): 71-82.